建筑学
二年级建筑设计教程

王　昀　张文波　著

广西师范大学出版社
· 桂林 ·

图书在版编目（CIP）数据

建筑学二年级建筑设计教程 / 王昀，张文波著 .—桂林：广西师范大
学出版社，2022.8
ISBN 978-7-5598-4999-1

Ⅰ．①建… Ⅱ．①王… ②张… Ⅲ．①建筑设计-高等学校-教材 Ⅳ．① TU2

中国版本图书馆 CIP 数据核字 (2022) 第 086351 号

建筑学二年级建筑设计教程
JIANZHUXUE ERNIANJI JIANZHU SHEJI JIAOCHENG

出 品 人：刘广汉
策划编辑：高　巍
责任编辑：季　慧
助理编辑：马竹音
装帧设计：六　元
广西师范大学出版社出版发行

（广西桂林市五里店路 9 号　　　邮政编码：541004）
（网址：http://www.bbtpress.com）

出 版 人：黄轩庄
全国新华书店经销
销售热线：021-65200318　021-31260822-898
恒美印务（广州）有限公司印刷
（广州市南沙区环市大道南路 334 号　邮政编码：511458）
开本：787mm×1092mm　　1/16
印张：18　　　　　　　　字数：110 千字
2022 年 8 月第 1 版　　2022 年 8 月第 1 次印刷
定价：88.00 元

作为设计基础教学的整体过程，本教程是《建筑学一年级建筑设计教程》（下文简称《一年级教程》）的延续，也是继已出版的《一年级教程》之后，对建筑学二年级的"建筑设计"课程进行的教学方法的再度"可视化"凝练。

《一年级教程》为读者详细介绍和展示了建筑形态生成方式的"解密"过程，将一直被视为"黑箱"操作的设计过程进行"从无到有"的解密，通过实际教学实践证明，建筑学一年级学生只要经过按部就班的训练，就可以具备建筑师的空间形态创造能力。在完成《一年级教程》学习的基础上，这本《建筑学二年级建筑设计教程》（下文简称《二年级教程》）的核心内容是将建筑设计训练逐步内化，并与"房子"设计进行区别训练，最后延伸至未来城市设计训练的全过程。该教程中对结构杆件、尺度、光影、场景与空间序列，以及几何形态的精神性这些建筑的内化要素逐一进行了系统化、单元化训练，同时将"建筑"和"房子"两者的设计入手程序及方法进行了明确区分，通过以功能为核心的"房子"进行的专题化训练，使练习者掌握"建筑"与"房子"两种不同的设计方法。教程的最后一个单元设置了未来城市的训练，期待同学们展开对于未来的想象。

《二年级教程》与《一年级教程》一样，均以目前国内高校实际施行的教学时间安排为层级，根据每一天的设计课程，安排教学内容和进度。内容体例上采用将每个单元、每个课题以及每一节课的实际安排、教学要求、教学方法和重点难点以图文并茂的方式，详细地进行示范和展示。教学目的是为广大大专院校师生以及建筑爱好者提供一本按天学习、按周进步的具体且实用易学的设计课教程。

本教程内所涉及的案例均为山东建筑大学建筑学二年级的建筑设计教学的研究和实践成果。在过往的教学中，每位同学在训练过程中全部完成了每一单元的训练要求，用实践验证了这是一套行之有效、强调学习方法，并与《一年级教程》密切关联的全新的二年级建筑设计教程。

这一教学方法能够顺利实施，得益于山东建筑大学建筑城规学院的仝晖院长、任震副院长、赵斌副院长，以及建筑系的江海涛、门艳红、贾颖颖、刘伟波、慕启鹏、侯世荣、刘文、王远方等诸位老师从多方面给予的广泛支持。同时，参与本次实验教学的"ADA建筑实验班"学生初馨蓓、董嘉琪、金奕天、李凡、梁润轩、宁思源、刘昱廷、刘源、徐维真、石丰硕、崔晓涵、杨珨珺、张皓月、于爽、郑泽皓等在二年级阶段积极地参与配合教学工作的展开，并在本教程写作的过程中参与了图纸整理等多项基础工作，在本教程即将付梓之际，谨此向诸位老师和同学们致以深深的谢意！

王　昀　张文波

2022.02.16

SEMESTER TWO

建 筑 学
二 年 级

▼▼▼

第一学期

I

SEMESTER

ONE

第一单元

杆件组合形态与
观念赋予

本单元主要围绕杆件结构围合而成的空间形态进行设计训练。建筑中的结构杆件既是起到承载作用的结构体系，又应在设计中保障建筑的坚固性能。同时，这些结构杆件也应当成为创造建筑空间形态的要素。如何让这些受力杆件同时满足以上两方面需求，是本单元训练的难点和重点。

1

▶ # 讲课，布置设计任务

1. 本次教学旨在训练同学们以建筑杆件结构为主体，对空间形式进行创作与演绎。

2. 训练同学们在保障建筑结构力学性能的前提下，通过结构杆件的组合，创造空间形式。

讲授杆件组合形态与观念赋予训练课题的相关概念、杆件结构空间的发展及特点，并对"高速公路服务站"设计任务书进行讲解。

杆件结构的概念：建筑结构按照不同的标准（材料、几何形式、受力特征等）可划分为很多种类型，本单元依几何形式的分类（杆件结构、板壳结构、实体结构）进行杆件结构和空间形式的训练。杆件结构是由杆件组成的，杆件的几何特征是横截面尺寸较小，竖向尺寸较大。

杆件结构分类：按照结构计算简图，杆件结构主要分为梁、拱、桁架、刚架、组合结构等；按照杆件的空间形式，杆件结构分为平面结构和空间结构。

梁是一种受弯构件，其轴线通常为直线。梁可以是单跨或多跨的。

拱的轴线为曲线，其力学特点是在竖向荷载作用下有水平支座反力，同时按照杆件的受力投影空间形式分为平面结构和空间结构。

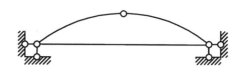

桁架由直杆组成，所有节点都为铰接点。

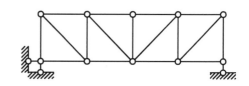

刚架也由直杆组成，其节点通常为刚结点。

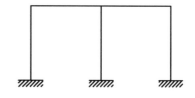

组合结构是桁架和梁或刚架组合在一起形成的结构，其中含有组合节点。

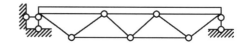

在平面结构中，各杆件的轴线和外力的作用线都在同一平面内。

在空间结构中，各杆件的轴线不在同一平面内。

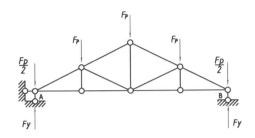

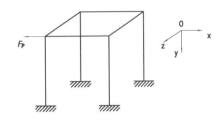

杆件结构空间：这类建筑空间形式是指其受力结构由杆件结构所构成，包括侧向水平受力和竖向受力。杆件结构作为建筑空间受力结构，同时具有符合视觉美学法则的空间形式。因此，杆件结构空间不是空间形式的装饰，而是让结构自身具有力学和美学特征的空间形式。

巴黎蓬皮杜艺术中心

设计任务

1 场地概况

拟建场地位于山东省潍北平原的某处高速公路服务区，建筑周边地势较为平坦，其环境以低矮树丛和农业耕地为主。现高速公路服务区内已有加油站等其他服务建筑，建筑均为 1 层。建筑红线范围呈长条形平面，长约 122m，宽约 26m。

2 设计要求

2.1 设计对象

为方便司机、乘客在高速公路旅途中短暂休息和解决各种临时性问题，拟在高速公路服务区内设计一座综合性服务建筑，层数为 2 ~ 3 层，建筑面积约 5000m²。

2.2 设计内容

2.2.1 公共服务区（约 2400m²）

多功能超市，建筑面积约 400m²；休闲咖啡厅，建筑面积约 200m²；餐厅，带有 4 个包间，每间约 40m²，每间须包含独立卫生间；公共就餐区，建筑面积不小于 300m²；厨房，合计约 200m²，含主食库、副食库、更衣间、操作间、配菜区、备菜区；饮水处 1 处，为开放空间，紧邻卫生间前室，建筑面积约 80m²；男卫生间，蹲便池不少于 40 个，小便池不少于 60 个，残疾人厕所 2 个，合计约 200m²；女卫生间，蹲便池不少于 60 个，残疾人厕所 2 个，合计约 300m²；卫生间前室，须具备洗漱、整理衣帽等功能，男、女卫生间须具备独立前室，且互不干扰，每个面积约 100m²；走廊、门厅，建筑面积约 400m²。

2.2.2 办公区（约 700m²）

不少于 8 间独立办公室，每间办公室面积约为 36m²；会议室 1 处，面积约为 100m²；储藏室 2 间，每间约 30m²；设备间 2 间，每间约 30m²；走廊及其他空间约 200m²。

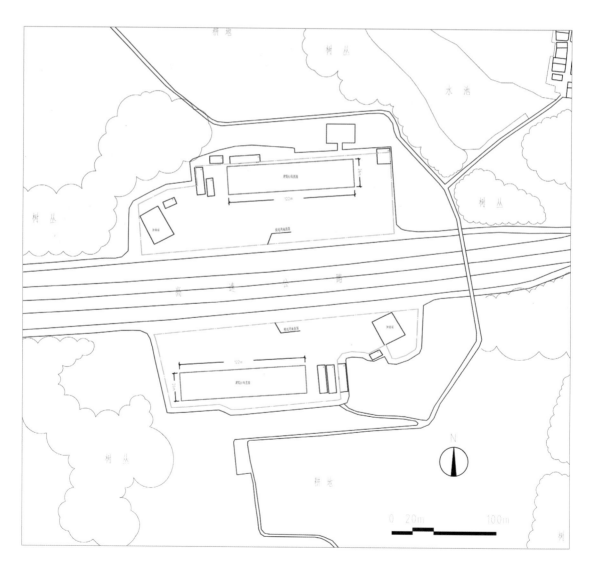

2.2.3 住宿区（约 2000m²）

客房，标间不少于 30 间（每间约 40m²），家庭房不少于 6 间（每间约 45m²），商务套间不少于 2 间（每间约 60m²）；前台，不少于 50m²；洗衣房，约 50m²；布草间，约 20m²；走廊、休息区，约 200m²。

2.2.4 停车场

服务区停车场须按照建筑设计规范布置，包括大车停车区和小车停车区。

3 设计成果要求

图纸尺寸：A1（594mm×841mm），张数不限。表现手法：不限。表达内容：区位图、总平面图、各层平面图（包括家具布置）、立面图（2～3 张）、剖面图（1～2 张）、轴测图及适当的设计概念图示分析、文字说明以及模型照片。比例：建筑正投影图须标注比例尺；成果模型不小于 1：100。每个方案都须要以完整的动画展示。

课后练习

1. 老师组织同学们对杆件结构形式的建筑进行实地调研。

2. 课后，要求同学们按照几何形态与观念赋予法进行"高速公路服务站"建筑功能平面设计和停车场布置。下节课老师对同学们的建筑功能平面设计方案进行讲评。

▶ 对"高速公路服务站"建筑功能平面初步设计方案进行讲评、课后完善建筑功能平面和停车场布置

通过对同学们的建筑初步方案进行讲评，让同学们认识到"高速公路服务站"这类建筑功能平面需要注意的问题，即建筑功能空间布置必须符合"宇宙法则"的几何秩序。

逐一讲评每位同学的初步设计方案，指出建筑功能流线、平面形式、面积指标和停车场布置中的问题。建筑功能流线、面积指标和停车场布置须严格按照《建筑设计资料集（第三版）》中的规范要求设计，建筑平面形式须严格按照几何形态与观念赋予法设计。

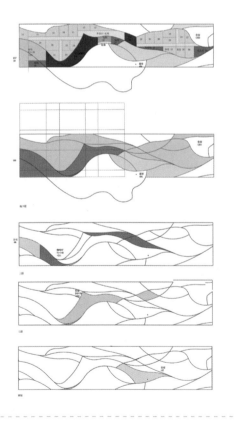

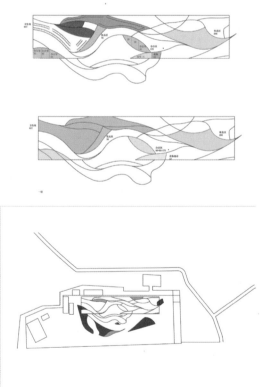

方案 1 平面图讲评：建筑平面形式太过"自由"，这种"自由"的空间形式既与设计任务书中要求的"高速公路服务站"的功能布置要求较难协调，又与建筑空间的杆件结构体系匹配有较大难度。另外，平面内各功能空间的流线布置较松散，缺少必要的组织性

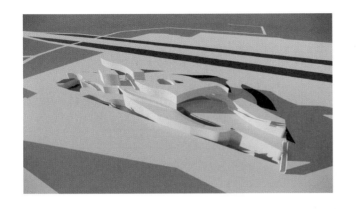

方案 1 建筑形态讲评： 建筑表面 "自由" 的曲面虽然具有表现力，但为将来杆件结构的置入设置了巨大的困难。因此，在本单元的训练中，建筑空间形态要求以几何形态与观念赋予法（参见《建筑学一年级建筑设计教程》）设计

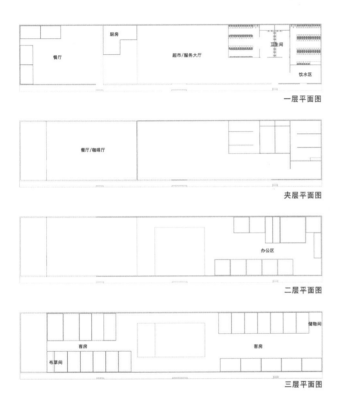

一层平面图

夹层平面图

二层平面图

三层平面图

方案 2 平面图讲评： 第一，从建筑平面大的空间比例的划分看，本方案是按照几何秩序法则进行操作的，但没有按照这一操作划分更详细的空间形式比例。第二，各功能空间组织较松散，各功能空间之间的比例关系不协调，如三层平面中走廊与客房进深之间的比例关系不协调。第三，对第一、二层大进深空间的处理较为粗糙。在处理建筑平面中功能布置的问题时，练习者一定要注意参考已有的同类型建筑的平面功能组织情况，对其进行归纳、学习

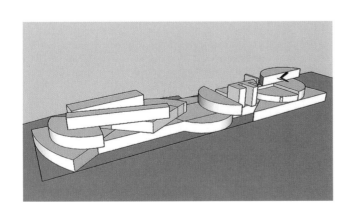

方案 3 建筑形态讲评： 这一建筑形态从整体看较为丰富，从深入各空间体块的组合来看，可以发现设计者是在几何秩序法则下生成了这些空间体块。虽然从形态本身看较丰富，但是这样丰富的形态与将来杆件结构的置入是冲突的，因为协调这些空间体块的组合形态与杆件结构的力学性能存在较大难度

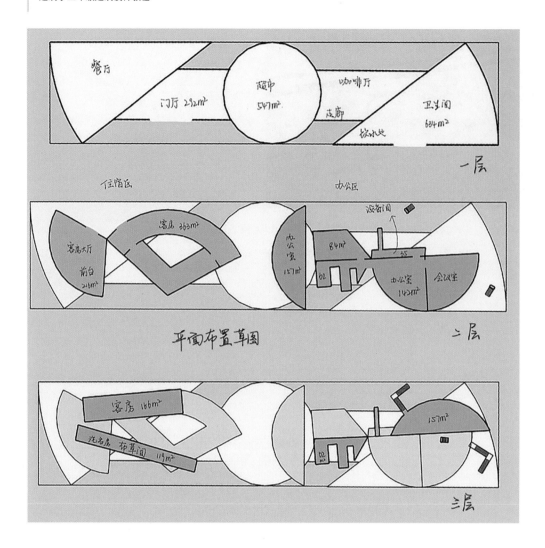

方案 3 平面图讲评：各层平面中功能空间的形式较为丰富，各功能空间满足设计面积指标，但是它们之间缺少必要的功能组合的逻辑关系

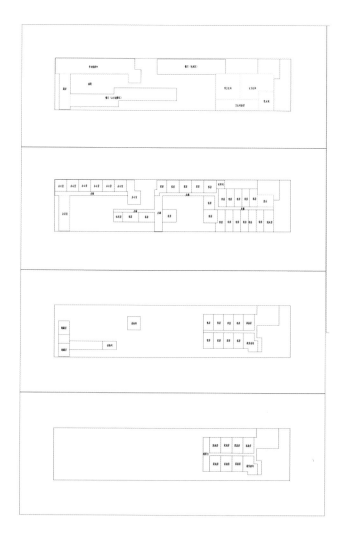

方案 4 平面图讲评：一方面，平面图中功能流线组织较为分散，各功能区块下的功能空间尚未按照使用行为有效组织；另一方面，平面形式没有严格按照几何秩序法则进行划分；另外，客房的平面形式须根据《建筑设计资料集（第三版）》中"客房平面"的布置要求作为参考进行设计

课后练习

课后，要求同学们根据课上讲评完善建筑功能流线、平面形式和停车场的设计，制作建筑方案模型，并进行动画展示。

练习要求

在布置建筑功能平面时，每位同学均须严格按照《建筑设计资料集（第三版）》中的规范要求设计，建筑平面形式须严格按照几何形态与观念赋予法设计。

对建筑功能平面、建筑模型动画进行讲评，课后修改建筑功能平面，置入杆件结构

教学目标

通过对"高速公路服务站"建筑功能布置的讲评,进一步优化功能布置的合理性及空间形态的几何秩序性。

授课内容

针对每个建筑方案的功能平面、模型动画进行讲评，尤其是涉及建筑平面流线、平面形式和建筑立面比例的问题。

三层平面图

二层平面图

一层平面图

方案 1 平面图讲评：在这一版方案中，整体建筑平面形式较为规整，这为杆件结构的置入创造了条件。建筑平面从功能布置上看，各层平面图被分为左、中、右三个大的功能区块，位于中间的通往二、三层住宿区的大厅将商业、餐饮、盥洗等功能流线打乱，不符合高速公路服务站人群对速度的使用要求，建议将其放在整座建筑的短边位置。另外，建筑平面图中的各功能空间的比例关系不符合几何秩序法则，每个空间的形式都应当严格按照无理数比例进行划分

方案 1 建筑形态讲评： 这两部分体块的形式比例不符合几何秩序法则，需要重新调整各自的比例关系

方案 2 建筑形态讲评： 整体建筑形式比例关系与几何秩序法则的要求存在一定差距，从图中各局部体块的对角线来看，它们存在各种角度，并不相互平行，需要统一

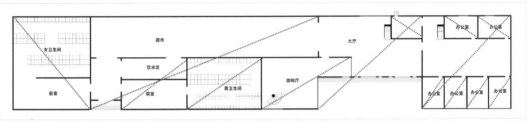

一层平面图

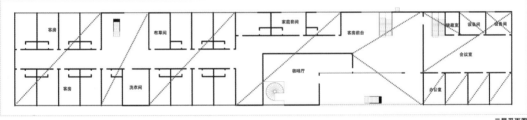

二层平面图

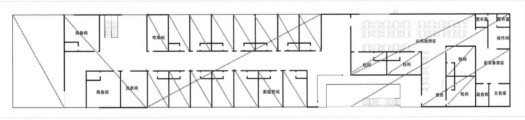

三层平面图

方案 2 平面图讲评： 从每层平面图中各空间对角线的法线上可以看出，空间形式的比例关系不够统一，目前对角线角度存在杂乱的现象，客房部分仅有三成，每个客房的平面对角线与客房组群的对角线较为协调。因此，在满足功能要求的同时，要反复推敲形式比例关系

课后练习

课后，要求同学们根据课上讲评修改相关问题，用杆件结构替换建筑空间的承重和维护墙体，并以建筑动画的形式展示。

第2周

2-2

讲评建筑平面和置入杆件结构的建筑模型，课后完善方案图和结构模型动画

教学目标

通过讲评，一方面让同学们继续完善每个建筑方案的功能布置，另一方面检验同学们对结构杆件的运用效果。

授课内容

针对每个建筑方案的功能平面和置入杆件结构的建筑模型动画进行讲评。

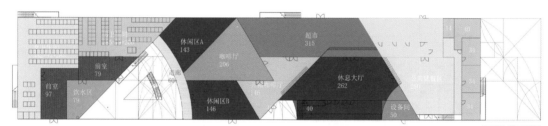

三层平面图

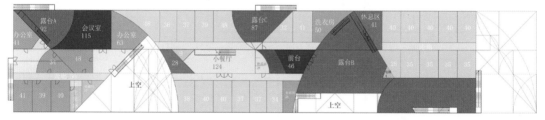

二层平面图

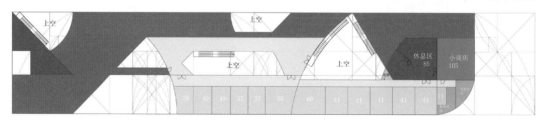

一层平面图

方案1平面图讲评： 各层平面图中的空间划分灵活运用了几何秩序法则中的控制线，内部空间较为丰富，但应在这些空间之间水平、竖直方向上增加连通性。此外，在一层平面图中，右下角采用了抹角形式，导致这个部位的形式不清晰，建议修改

方案 1 建筑形态讲评：虽然建筑模型局部采用了杆件结构体系，从里面看具有杆件的线性视觉效果，但整体而言，体块空间过多，与杆件的视觉形式差别过于强烈，不够协调。因此，建议将体块修改为杆件组合的空间形式

方案 1 局部空间讲评：虽然整体建筑采用了杆件结构空间的形态，但是局部空间的重要位置，如建筑主入口空间依然没能体现出这一整体形态的要求，须进一步修改，以实现与整体形态的统一

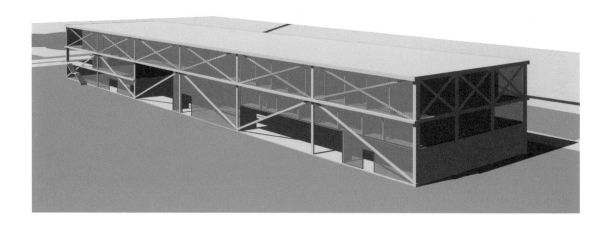

方案 2 建筑形态讲评：虽然建筑立面运用了杆件结构作为立面形式划分的手段，但是这些杆件的组合较为粗略，缺少必要的细节，尤其是柱间距过大。因此，接下来需要细化结构系统，深化杆件结构体系

方案 2 室内空间讲评：虽然建筑整体的承重结构运用了杆件结构体系，但在视觉形式上，这种杆件形式只在建筑外立面有所展示，在内部空间中缺少这一视觉形式的表现

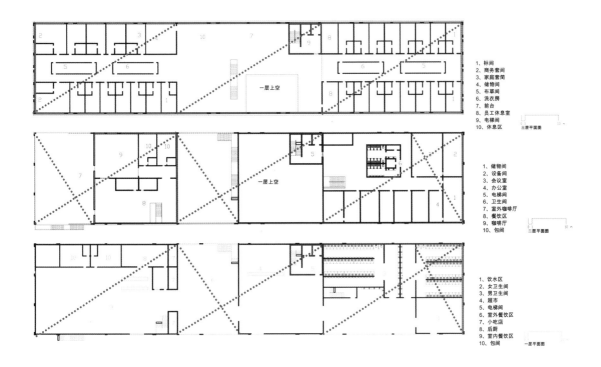

1、标间
2、商务套间
3、家庭套间
4、储物间
5、布草间
6、洗衣房
7、前台
8、员工休息室
9、电梯间
10、休息区

三层平面图

1、储物间
2、设备间
3、会议室
4、办公室
5、电梯间
6、卫生间
7、室外咖啡厅
8、餐饮区
9、咖啡厅
10、包间

二层平面图

1、饮水区
2、女卫生间
3、男卫生间
4、超市
5、电梯间
6、室外餐饮区
7、小吃店
8、后厨
9、室内餐饮区
10、包间

一层平面图

方案 2 平面图讲评： 这版方案经过修改，各层平面图的形式比例关系符合几何秩序法则的要求，每层平面图左右分为三段式，每段的平面形式都按照黄金分割进行划分，并且在每段次一级的平面空间划分中，依然保持着这一比例关系

课后练习

课后根据课上讲评，对建筑功能流线、平面形式、家具及卫生设施的布置和杆件结构做进一步完善、修改。

练习要求

1.订购杆件模型材料，根据自己模型的需要，订购不同截面尺寸的杆件，材料不限。

2.细化平面图的绘制，严格按照几何形态与观念赋予法设计。

3.完成建筑结构模型的动画和剖面图、平面图，建筑动画包括室内、室外视角的展示，注意动画要有片头和片尾。

4.参考《建筑设计资料集（第三版）》绘制各层建筑平面图、停车场的总平面布置图。

讲评方案图和结构模型动画，课后制作实体结构研究模型，绘制结构轴测图

教学目标

通过讲评结构模型动画，检验同学们结构布置的形式感，同时对应建筑平面图、剖面图，以检验结构布置与建筑平面、剖面的对应性，进而为下一步方案优化提出解决建议。

授课内容

围绕建筑平面图、剖面图、剖透视图和结构模型动画进行讲评。

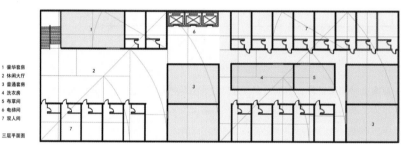

1 豪华套房
2 休闲大厅
3 普通套房
4 洗衣房
5 布草间
6 电梯间
7 双人间

三层平面图

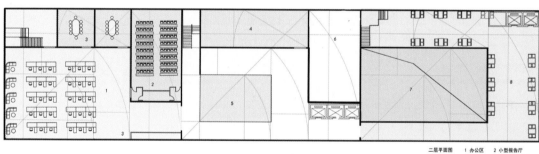

二层平面图 1 办公区   2 小型报告厅
3 会议室   4 宾馆前台 储藏间
5 休闲大厅 6 宾馆储藏间
7 一层上空 8 餐厅二层

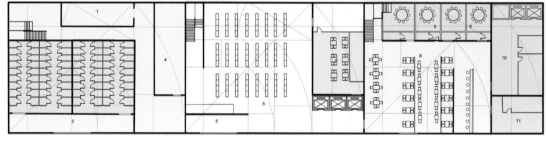

一层平面图 1 储藏间   2 卫生间
3 卫生间前室 4 库房
5 服务台   6 超市
7 咖啡吧   8 就餐区
9 包间   10 厨房   11 厨房仓库

方案 1 平面图讲评： 各层建筑平面图的空间划分严格按照几何秩序法则进行了梳理，相较之前的练习，这次的平面空间形式有了很大进步

方案 1 结构模型讲评：作为水平承重结构的杆件截面太小，不符合力学性能，需要完善

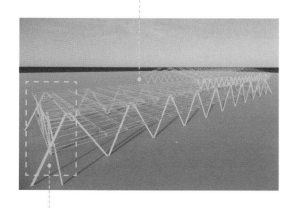

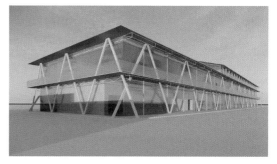

方案 1 结构模型讲评：建筑角部竖向承重的杆件结构稳定性不够，需要重新考虑

方案 1 结构动画讲评：从结构动画看，对主要承重结构、次要承重结构的截面尺寸进行了分级，这一设计较为合理

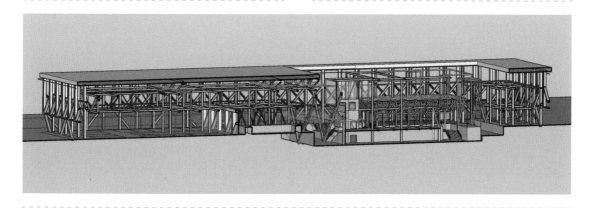

方案 2 结构模型讲评：整个建筑的杆件结构体系分级清晰，同时，主要承重构件、次要承重构件，以及竖向和水平向受力杆件的分配都较为合理，同时产生了较好的视觉构成形式

方案 2 结构动画讲评：利用杆件结构形成的结构体系在完成受力作用的同时，还形成了丰富的室内空间效果，相较于之前的室内"面"或"体"构成空间而言，具有其鲜明的线性特征

课后练习

1.课后制作实体建筑结构研究模型，模型比例为 1：80 ~ 1：50。

2.绘制建筑结构轴测图。

3.进一步深化各层建筑平面图。

第 3 周

3-2

▶ **由建筑学与建筑结构老师共同讲评模型和轴测图，课后修改建筑平面和结构模型动画**

教学目标

通过讲评实体结构模型，检验同学们布置的结构的力学性能的合理性，再通过建筑学专业指导老师对建筑平面图以及结构轴测图的讲评，检验结构布置与几何秩序，以及建筑功能的协调性。

授课内容

围绕实体结构的研究模型，由建筑学与结构工程两个专业的老师对实体建筑空间与结构的合理性进行讲评，探讨建筑空间与建筑结构结合的合理性。课上，先由学生介绍方案的建筑功能、结构类型，然后由结构工程专业老师讲评。在讲评过程中，建筑学专业老师需要将学生对空间形式和功能的追求与结构工程专业老师的要求进行调和，以优化出符合结构合理性、空间形式美、功能适用性的建筑结构设计方案。

建筑结构选型 ——桁架结构

课上，由建筑学和结构工程专业老师从结构选型、受力特征等方面讲授杆件结构的相关课题，介绍相关方面的知识，让同学们对这一结构类型有较为概括的了解。

同学们展示、互相观摩建筑结构的过程模型。

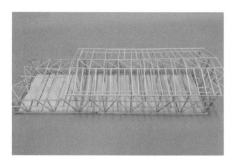

结构过程模型 1

讲评现场 1

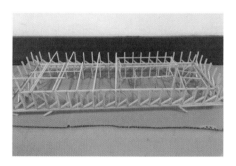

结构过程模型 2

讲评现场 2

方案讲评：每位同学对照结构模型、轴测图，介绍自己的结构设计方案，由建筑学和结构工程专业老师从各自专业角度出发，对方案提出完善的建议。在这节课的讲评中，应当着重听取结构工程专业老师的建议，在课后修改杆件结构

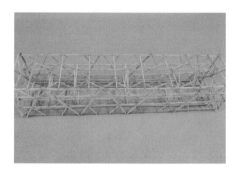

结构过程模型 3

课后练习

1.进一步完善结构模型，根据整体结构的受力分析，分清杆件的层级关系（受压、受拉、支撑等受力形式），杆件截面尺寸分级明确。

2.内墙的龙骨需要在结构模型中体现出来。

3.平面功能细化，尤其是室内家具、陈设布置，需要找案例描图。

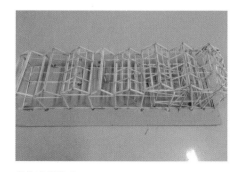

结构过程模型 4

练习要求

课后，针对课上结构工程专业老师提出的问题，修改、完善建筑结构。在调整建筑结构的同时，对建筑的平面形式、功能布置进行相应的修改。

▶ 讲评建筑平面形式、功能布置和结构模型动画，课后图纸排版

通过讲评，检验建筑方案中结构杆件的分级情况，以及结构杆件围合出的空间氛围效果。同时，进一步优化结构杆件与功能空间的协调性。

课上，老师讲评建筑平面形式、功能布置和结构模型动画、结构模型轴测图。

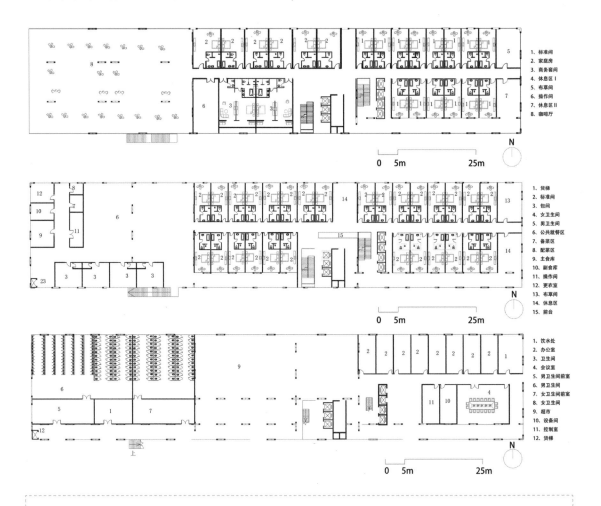

1、标准间
2、家庭房
3、商务套间
4、休息区 I
5、布草间
6、操作间
7、休息区 II
8、咖啡厅

0　5m　　　25m　　N

1、货梯
2、标准间
3、包间
4、女卫生间
5、男卫生间
6、公共就餐区
7、备菜区
8、配菜区
9、主食库
10、副食库
11、更衣室
12、更衣室
13、布草间
14、休息区
15、前台

0　5m　　　25m　　N

1、饮水处
2、办公室
3、卫生间
4、会议室
5、男卫生间前室
6、男卫生间
7、女卫生间前室
8、女卫生间
9、超市
10、设备间
11、控制室
12、货梯

0　5m　　　25m　　N

建筑平面图讲评：第一，在这一方案中，空间的平面划分比例严格遵守了几何秩序法则；第二，平面图将杆件结构较好地表达了出来，如杆件的剖断面、看线等；第三，推进到这版方案中，平面图中的家具基本布置齐全，但是从图中可以看出，部分家具、卫生洁具等存在比例不适当的情况，需要在课后修改

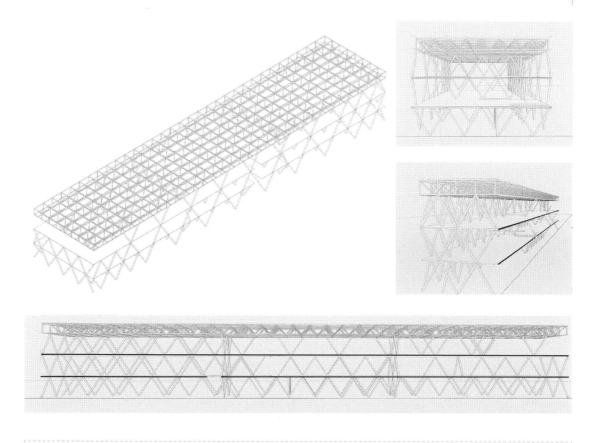

建筑结构模型讲评： 建筑结构模型的绘制较为细致、完整，尤其是屋顶部分的网架结构表达较为精细，但二、三层的楼板目前还处于板状形式，应当同样将其设计为杆件结构的形式

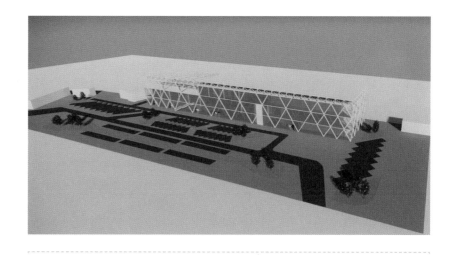

建筑室内讲评： 室内动画呈现的杆件围合空间较精彩，但目前来看，这些杆件的材质如果能有一定的表达，会更提升空间品质

建筑室内讲评：有些建筑室内空间形态不够统一，杆件结构须在室内空间形成具有完整结构体系的视觉形态

建筑室外讲评：室外停车场设计较为粗糙，汽车转弯半径、车道宽度等一定要根据《建筑设计资料集（第三版）》设计

课后练习

　　课后，学生修改建筑结构设计方案，并对建筑图进行排版。图纸要求：不少于 6 张，其中 2 张为建筑结构设计图。

练习要求

　　1.进一步修改完善建筑平面（必须符合几何比例关系），在所有的房间布置家具、设施，平面图中的柱子、墙体、门窗要表达清晰。

　　2.完善结构模型中杆件的层级和密度，尤其是楼板的结构杆件要表达出来。

　　3.完善建筑动画（含结构模型、建筑模型效果）。

　　4.下节课在以上内容修改完成的基础上，进行 A1 图纸排版，图纸不少于 6 张，其中 2 张用于表达杆件结构（轴测图、分层轴测图、剖面图、剖透视图，以及水平向和竖向受力分析的结构受力分析图）。

教学目标

通过讲评，指出同学们的建筑图中的表达和排版问题，为其成果图的绘制提出修改建议。

授课内容

老师讲评图纸的排版和建筑图的表达。

图纸讲评 1：图面右侧的字体样式不够现代，且字号偏大，应调整

图纸讲评 2：平面图绘制较为细致，但图中家具、卫生洁具尺度存在问题，相较于房间尺度偏小。另外，图纸背景的光影效果太强，影响了建筑平面图的清晰度，建议调整背景

图纸讲评 1：图面左侧室内场景中，杆件围合的空间效果没有表现出来，需要调整模型，在室内充分表达出杆件围合出的丰富的空间效果

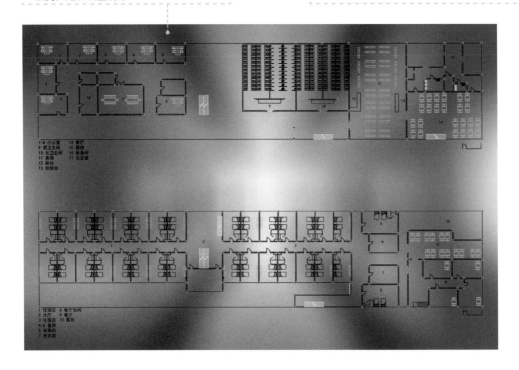

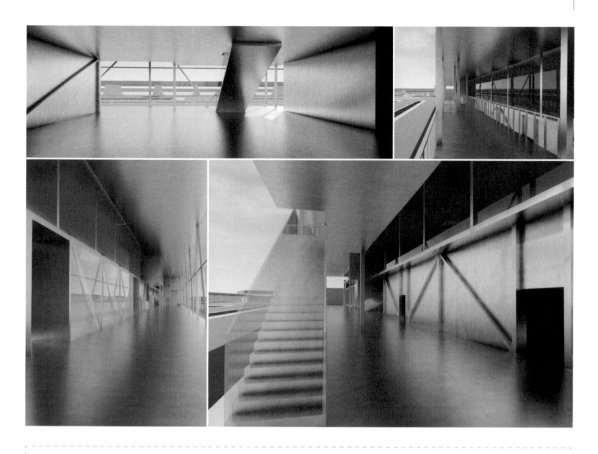

图纸讲评3：建筑局部效果图的排版节奏感较好，各个效果图之间的比例合宜，图面重点突出，且都能够表现出杆件围合成的空间效果

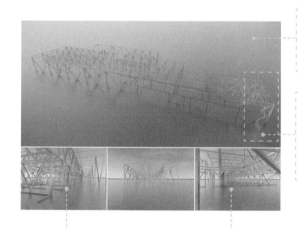

图纸讲评4：图纸背景颜色与模型太过接近，导致模型主体不清晰

图纸讲评4：图中模型角度在竖直方向上出现了透视倾斜，应当进行校正

图纸讲评4：一方面，该视角内部的建筑模型不完整，表达重点不突出；另一方面，出现了透视倾斜，导致模型的图面效果欠佳

课后练习

　　课后，学生根据老师讲评修改图纸，并开始制作建筑结构的实体表现模型。

▶ 讲评图纸排版，课后完善图纸、动画和模型

教学目标

检验图纸的修改，完善进度，进一步优化设计成果。

授课内容

老师继续讲评图纸的排版和建筑图的表达，着重讨论杆件形式的空间表达问题。

图纸讲评 1： 室外效果图中配景树木尺度太大，与建筑尺度不协调，且造成了图面背景杂乱，导致主体建筑不突出

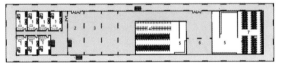

图纸讲评 1： 图面中前景灌木细节太多，其视觉效果过于夺目，导致主体建筑不突出

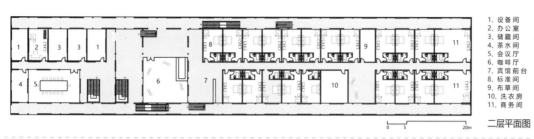

1、设备间
2、办公室
3、储藏间
4、茶水间
5、会议厅
6、咖啡厅
7、宾馆前台
8、标准间
9、布草间
10、洗衣房
11、商务间

二层平面图

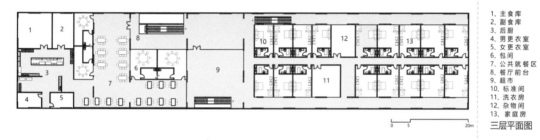

1、主食库
2、副食库
3、后厨
4、男更衣室
5、女更衣室
6、包间
7、公共就餐区
8、餐厅前台
9、超市
10、标准间
11、洗衣房
12、杂物间
13、家庭房

三层平面图

图纸讲评2：室内空间的整体色调有些灰，建议调整。杆件结构材质色调太暗，同时其材质尺度太大，建议调整。室内地板材质尺度偏大，使得室内空间尺度偏小

图纸讲评3：图纸色调统一，图面严格按照几何秩序法排版，且图面右上角与左下角有亮度区域的呼应，使得画面在灰色调中有所对比，防止了图面效果沉闷

图纸讲评 4： 在动画场景中，地面、墙体的材质肌理比例偏大，导致建筑空间尺度不够协调

图纸讲评 5： 停车场整体布置符合规范，尤其是小车停车位布置较合理

图纸讲评 5： 画面中大车停车位布置存在不合理的问题，应参照《建筑设计资料集（第三版）》进行相应优化

课后练习

课后，学生最后一次修改、完善图纸和动画，制作模型并拍照。

练习要求

实体建筑模型拍照时统一为黑色背景，最好打光，然后在一张 A1 图纸上排版。

▶ 讲评图纸、动画和模型，并进行单元总结

教学目标

通过对方案设计图纸、动画和模型的最后讲评，检验同学们本单元的训练成果。

授课内容

1. 同学们展示方案设计的最终动画、图纸和模型，老师讲评。

2. 总结本单元训练要点。

设计：郑泽皓

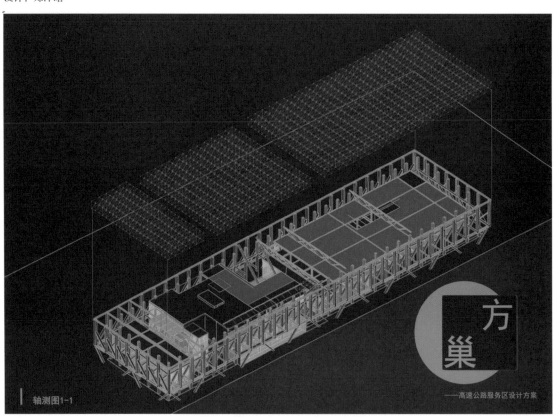

轴测图 1-1

方巢

——高速公路服务区设计方案

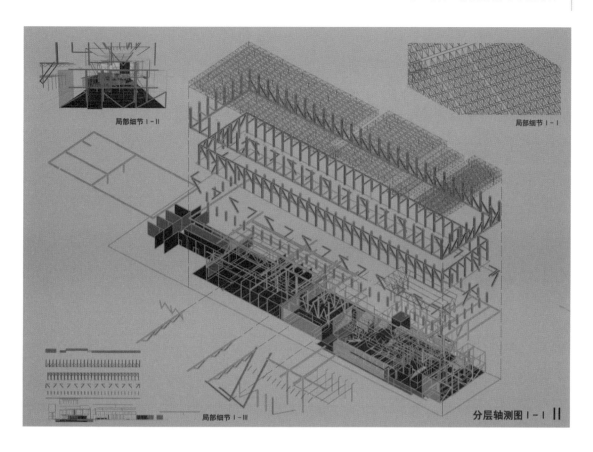

局部细节 I-II

局部细节 I-I

局部细节 I-III

分层轴测图 I-I

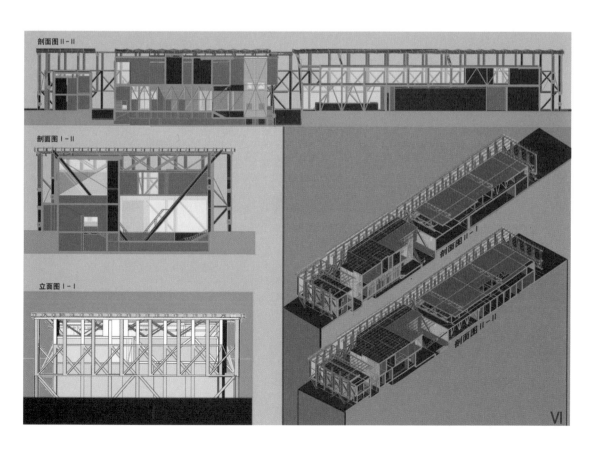

剖面图 II-II

剖面图 I-II

立面图 I-I

剖面图 II-I

剖面图 II-II

VI

剖面图Ⅰ-Ⅰ

剖面图Ⅱ-Ⅰ（1）

剖面图Ⅱ-Ⅰ（2）

Ⅳ

设计：宁思源

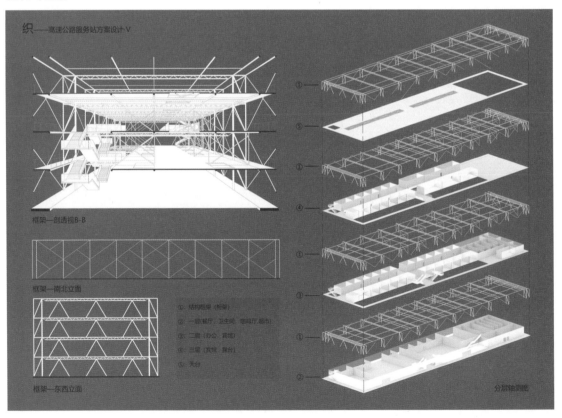

织——高速公路服务站方案设计·Ⅵ

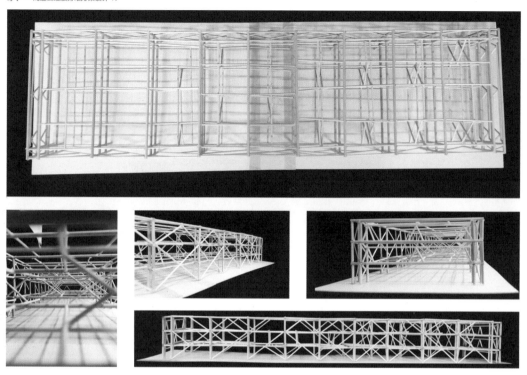

设计：杨玲珺

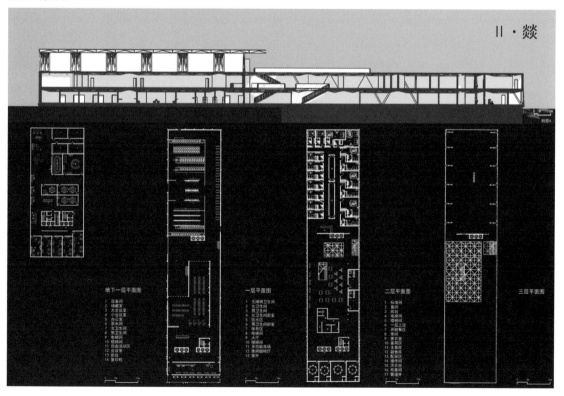

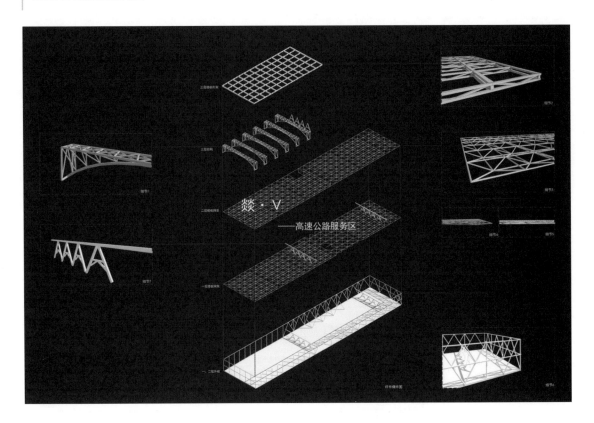

▼ ▼ ▼

第二单元

人体尺寸测量与尺度感训练

本单元训练专题为人体尺寸测量与尺度感训练。人体尺寸是建筑空间尺度的标尺，而人体行为又是建筑功能产生的起点。这一训练的核心就是围绕人体行为和尺度认知，依据人体行为和尺度进行建筑空间的功能和形式的设计。设计一个满足设计者自身人体尺度和行为要求的建筑空间是本单元的训练难点和重点。

2

▶ 讲授人体尺寸与尺度感训练单元训练课题，布置训练任务，课后学生对不同姿态的人体尺寸进行测量

教学目标

1. 训练同学们对人体行为和尺度的认知。

2. 训练同学们依据人体行为和尺度设计建筑空间的功能和形式的能力。

3. 训练同学们在从设计到建造全过程中解决问题的能力。

授课内容

1. 讲授尺度与尺寸的基本概念。

人体尺寸是客观的，尺度是主观的。尺度是基于人体尺寸的一种心理感受，是一种心理尺寸，尺度还是一种相对的概念。尺寸是人本体物理层面的状态，尺度是人的感知和心理层面的表述。

2. 人体工程学与现代设计的关系。

人体工程学起源于欧美，在工业社会开始大量生产和使用机械设施的情况下，人体工程学探求人与机械之间的关系，即处理好人—机—环境的协调关系。

3. 人体测量的方法（投影法）。

课后练习

课后，学生对身体主要部位和不同行为下的身体部位进行测量，并在此基础上测量出适应身体尺度的极限行为空间的尺寸，形成身体尺寸测绘图和极限行为空间数据报告。具体包括：在人呈现坐姿、躺姿、卧姿、蹲姿、站姿、工作姿势的情况下，对身体各关键部位的尺寸进行测量，对座椅、桌子进行测量，将其与身高进行比较，并绘制测量图，列表得出不同姿态下人体关键部位的尺寸与身高的比值。

练习要求

三位同学为一组，相互测量每位同学在不同姿态下身体关键部位的尺寸，并绘制身体姿态的投影图，标注相关尺寸。

身体行为测量样表			
序号	定义	尺寸（cm）	设备高与身体之比（/）
1	人体重心高度	—	—
2	采取直立姿势时工作面的高度	—	—
3	坐高（坐姿）	—	—
4	洗脸盆高度	—	—
5	办公桌高度	—	—
6	手提物的长度（最大值）	—	—
7	桌下空间（高度最小值）	—	—
8	工作椅的高度	—	—
9	休息用的椅子高度	—	—
10	椅子扶手高度	—	—

测量者将被测量人员的身体姿态描绘下来，量取身体的各项数据。

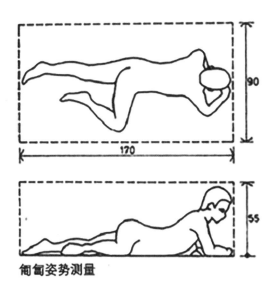

匍匐姿势测量

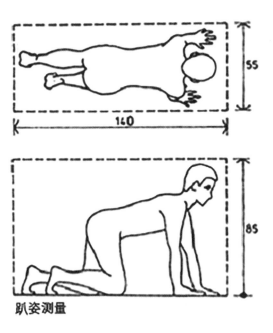

趴姿测量

▶ 讲评学生的测绘图和数据，课后进行方案初步设计

通过对学生身体测绘图以及数据统计的讲评，让同学们认识并掌握身体尺寸与所需行为空间的关系，并意识到不同行为姿势的尺寸对空间尺度设计的重要性。

课上，讲评学生的身体尺寸测绘图和极限行为空间数据报告。

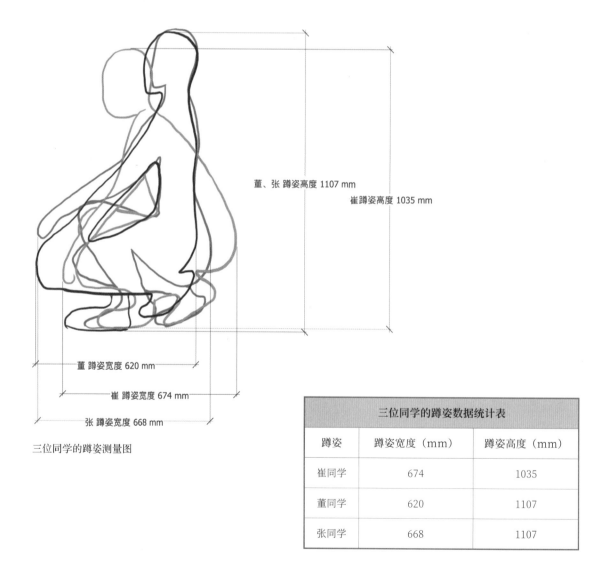

董、张 蹲姿高度 1107 mm

崔蹲姿高度 1035 mm

董 蹲姿宽度 620 mm

崔 蹲姿宽度 674 mm

张 蹲姿宽度 668 mm

三位同学的蹲姿测量图

三位同学的蹲姿数据统计表		
蹲姿	蹲姿宽度（mm）	蹲姿高度（mm）
崔同学	674	1035
董同学	620	1107
张同学	668	1107

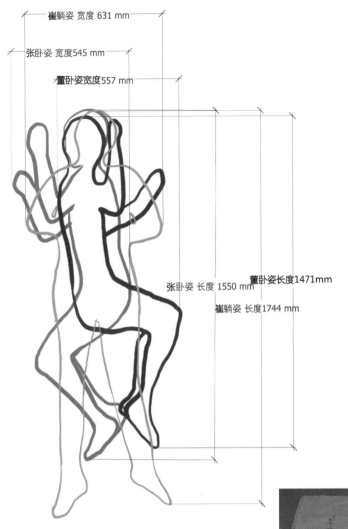

崔躺姿 宽度 631 mm

张卧姿 宽度545 mm

董卧姿宽度557 mm

张卧姿 长度 1550 mm 董卧姿长度1471mm

崔躺姿 长度1744 mm

三位同学的躺／卧姿测量图

卧姿测量草图

三位同学的躺／卧姿数据统计表			
躺／卧姿	躺姿宽度（mm）	卧姿宽度（mm）	躺姿长度（mm）	卧姿长度（mm）
崔同学	631	—	1744	—
董同学	—	557	—	1471
张同学	—	545	—	1550

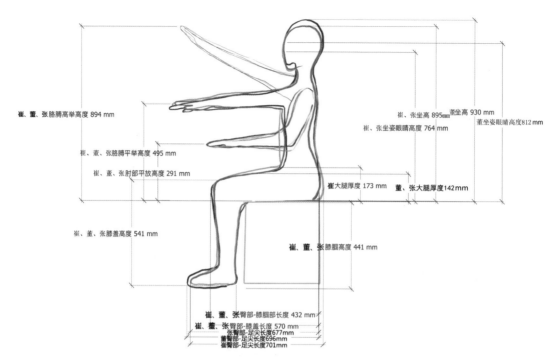

三位同学的坐姿测量图

坐姿	坐高（mm）	胳膊平举高度（mm）	肘部平放高度（mm）	膝盖高度（mm）	坐姿眼睛高度（mm）	大腿厚度（mm）	膝腘高度（mm）	臀部—膝腘部长度（mm）	臀部—膝盖长度（mm）	臀部—足尖长度（mm）
崔同学	895	495	291	541	764	173	441	432	570	701
董同学	930	495	291	541	812	142	441	432	570	696
张同学	895	495	291	541	764	142	441	432	570	677

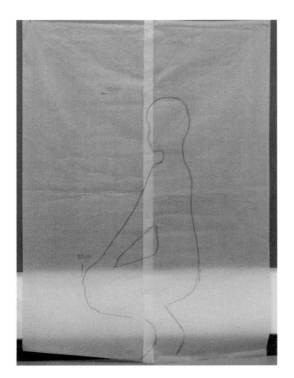

三位同学的蹲姿测量图

课后练习

　　课后，进一步完善身体测量和行为空间数据，每位同学依据自己的身体和极限行为空间数据进行"微型都市青年之家"的初步方案设计，每位同学完成一个 SketchUp 方案模型。

练习要求

　　每位同学运用自己身体的测量数据进行"微型都市青年之家"的空间设计，该建筑空间面积虽小，但须满足一位青年人的日常起居、生活的基本要求。可以有多变、灵活的空间，但不能有多余空间。

第 7 周

7-1

▶ **讲评初步方案设计，课后绘制方案图纸、制作动画，准备实体空间搭建的模型材料**

教学目标

通过讲评每位同学设计的"微型都市青年之家"方案，指出设计中存在的问题，如空间尺寸的大小、功能使用的合理性、结构牢固性等。

授课内容

课上，每位同学利用 SketchUp 软件展示、介绍自己的"微型都市青年之家"设计方案，老师对每个方案进行讲评。

老师讲评每个方案时，主要是让同学们展示小住宅设计内不同的使用空间场景，以及这种空间场景的尺寸设计依据，然后对这些空间是否符合人的使用要求提出疑问和修改建议。

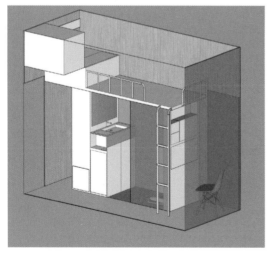

"微型都市青年之家"方案 A 的空间场景 1

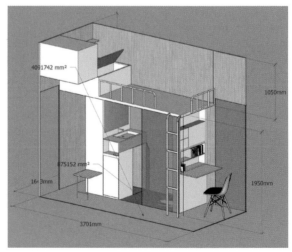

"微型都市青年之家"方案 A 的空间场景 2

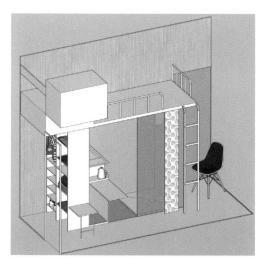

"微型都市青年之家"方案 A 的空间场景 3

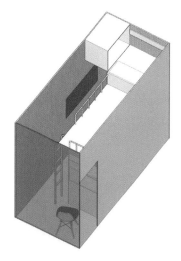

"微型都市青年之家"方案 A 的空间场景 4

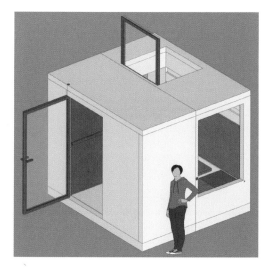

"微型都市青年之家"方案 B 的空间场景 1

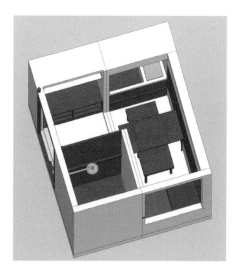

"微型都市青年之家"方案 B 的空间场景 2

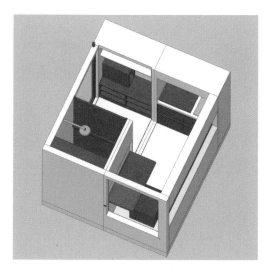

"微型都市青年之家"方案 B 的空间场景 3

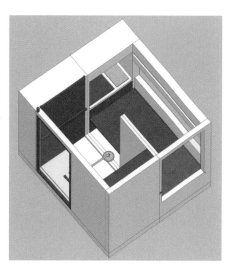

"微型都市青年之家"方案 B 的空间场景 4

"微型青年之家"方案 C 空间场景 1

"微型青年之家"方案 C 空间场景 2

"微型青年之家"方案 C 空间场景 3

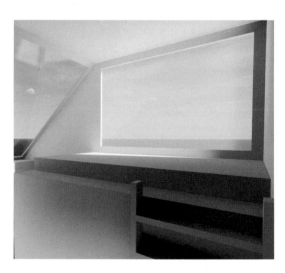

"微型青年之家"方案 C 空间场景 4

课后绘制方案图纸、制作动画，并准备实体空间搭建的模型材料。

练习要求

1.图纸包括人体尺寸测绘图 1 张、方案图 2～4 张，方案图中需要将每种建筑场景的空间使用状态通过建筑平面、立面、剖面、轴测图表现出来。

2.动画需要表达出"微型都市青年之家"的不同场景的使用状态。

3.每 3 人一组进行等比例模型的搭建，并在课后购买搭建材料。

▶ **讲评方案图纸和动画，课后修改方案图和动画，并制作 1 ：20 的手工模型，准备搭建实体空间**

教学目标

通过讲评图纸和动画，进一步指导同学们强化在建筑方案表达上的规范性和完整性。

授课内容

课上，讲评同学们的方案图纸和动画，主要讲评建筑图表达的准确性、排版等问题。

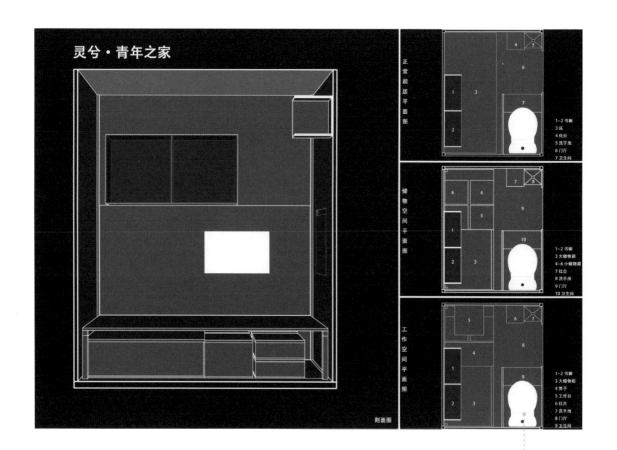

图纸讲评 1： 在图纸右侧的 3 个不同使用场景的平面图中，坐便器与卫生间的空间尺度不协调，目前看，前者尺度偏大，建议调整尺寸以适应所在空间尺度

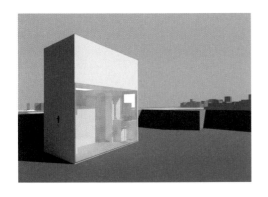

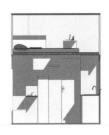

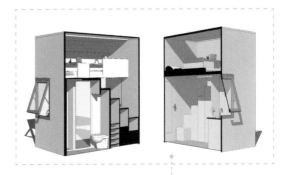

图纸讲评 2：图纸排版有待进一步完善，图纸右下角对称布置的剖透视模型能够较好地反映出小住宅内部的空间场景

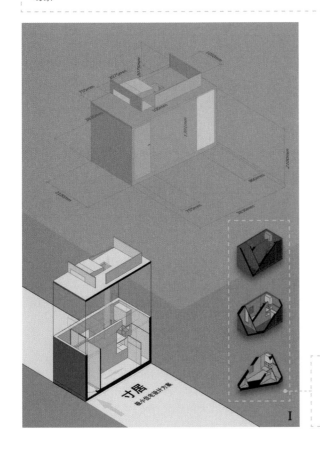

图纸讲评 3：图面整体版面效果较好，但图纸上 3 个剖透视模型图幅偏小，导致小住宅内部空间没有得到充分展示

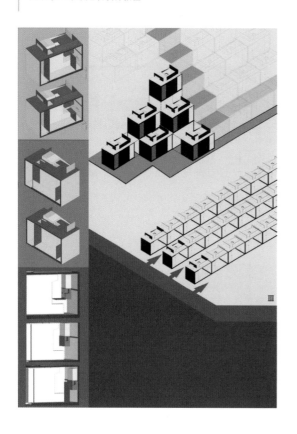

图纸讲评 4：在图纸左侧小住宅场景模型中，应有必要的剪影人作为空间使用的尺度标尺。建议在图纸右下角补充本方案的设计说明文字

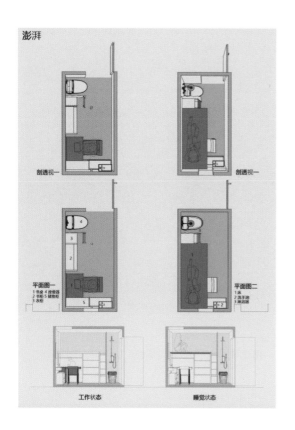

图纸讲评 5：图中不同空间场景中有配景人，人物尺度必须以设计者为准，因为每个小住宅都是以设计者身体尺寸为依据设计的

方案设计动画讲评：用动画展示小住宅方案设计时，需要将其内部空间场景展示完整，包括家具、卫生设施等

课后练习

1.课后深化图纸、动画。

2.制作 1∶20 的手工模型。

3.对分组搭建的实体空间进行场地勘察。

第8周

8-1

▶ **搭建实体空间，课后制作该空间搭建和使用的视频**

教学目标

同学们通过搭建实体空间，进一步感受、认知身体尺寸与设计的建筑空间尺度的关系。

授课内容

课上，同学们以小组为单位搭建实体空间，并录制搭建过程及其在空间内发生的使用行为的视频。

实体模型搭建场景 1

实体模型搭建场景 2

实体模型搭建场景 3

实体模型搭建讲评： 实体空间模型的搭建必须按照 1：1 的比例进行，模型可以选取多种轻便、易连接的材料，包括木材、轻型管材、纸张、薄膜材料等

实体模型搭建场景 4

实体模型搭建场景 5

实体模型搭建场景 6

实体模型空间体验讲评： 在实体空间模型搭建完毕后，参与搭建的同学一定要按照方案设计的场景在模型空间内部进行空间体验，以验证空间尺度及场景设计的使用合理性等问题

课后练习

课后，对搭建视频和模型动画进行混合剪辑，时长不超过 5 分钟。

► # 课上讲评图纸、动画、视频的最终成果

教学目标

　　检验同学们最终的"微型都市青年之家"方案的图纸、动画、视频，并总结本单元的训练内容，加深同学们对人体尺度与空间设计之间关系的重要性的理解。

授课内容

　　课上，老师最后一次在本单元讲评每位同学的图纸、动画、手工模型和实体空间搭建视频。

设计：初馨蓓

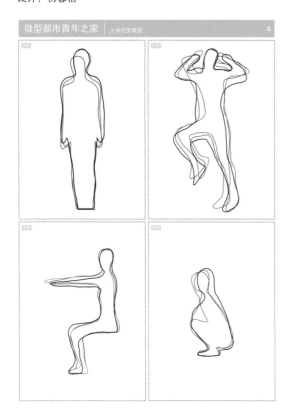

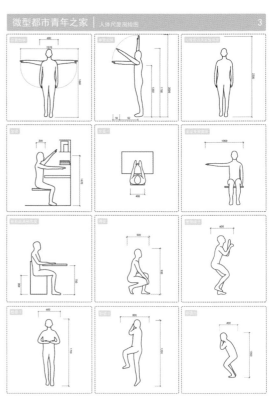

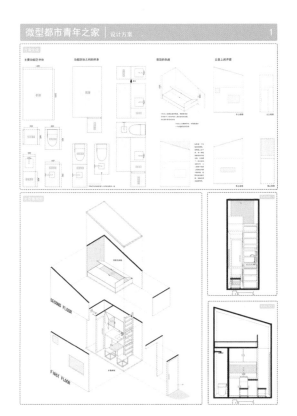

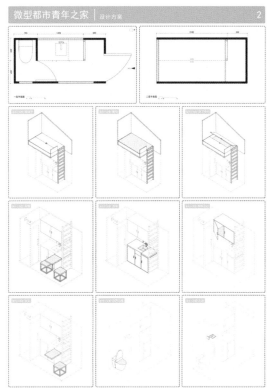

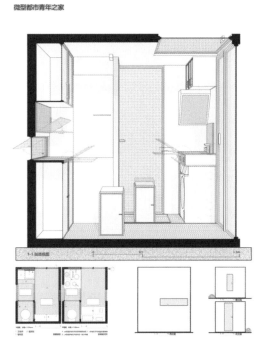

设计：初馨蓓

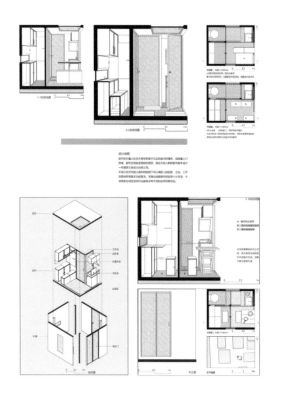

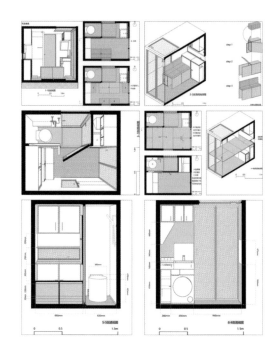

人体尺度认知

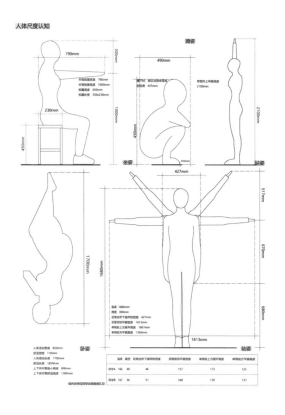

实验草图

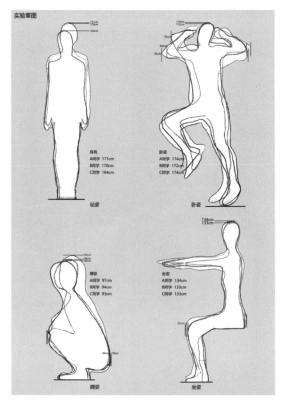

剖面图

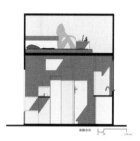

室内透视图

人活动图

剖透视

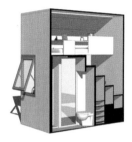

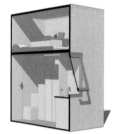

微 型 青 年 住 宅

设计说明:
建筑面积: 4.923m²
建筑层数: 二层
建筑名称: 微型青年住宅
设计理念: 根据人体尺度的测量和起居、工作行为的调研,探索满足青年人群最小的理想住宅。
该设计灵活性较高,便于搭建,因此可作为"移动住宅"适用于多种环境,同时也可以多体快组合,
组成青年社区公寓。

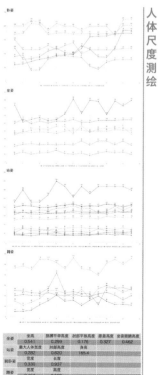

人体尺度测绘

	坐高	膝搏平均高度	肘部平版高度	膝盖高度	坐姿前臂高度
坐姿	0.541	0.299	0.176	0.327	0.462
站姿	最大人体宽度	肘部高度	身高		
	0.282	0.620	165.4		
躺卧姿	宽度	长度			
	0.330	0.937			
蹲姿	宽度	高度			
	0.404	0.669			

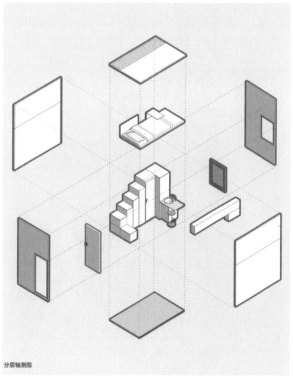

分层轴测图

第三单元

光的收集装置训练

3

　　"光"是空间表现的构成要素，它不仅能满足人的使用需求，同时对空间形式的塑造、空间氛围的渲染也发挥着极为重要的作用。设计者认识建筑中不同的光的收集方式和作用，并将其应用到建筑设计中，实现具有艺术性的空间光影效果，是本单元训练的难点和重点。

► **讲授"光的收集装置"课题，课后每位同学完成 10 个光的收集装置模型**

教学目标

1. 训练同学们对光影的感知。

2. 训练同学们理解建筑中光影对空间的塑造及对空间体验的影响。

3. 训练同学们掌握以光环境要素为主题进行空间构思与设计的方法。

授课内容

讲授本训练单元——光的收集装置训练的内容，包括建筑中侧窗、天窗、洞口等不同光线收集装置对空间氛围的营造。

通过观察经典建筑案例中光对空间的塑造，讲授不同的采光方式和光环境对空间以及人的行为的影响。

老师可以利用在纸盒上开洞的方法演示光的收集方式。

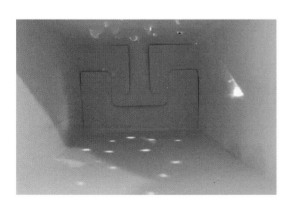

在纸上开完洞后，观察其内部光影效果。

继续观察纸盒内部光影效果及变化。

继续观察纸盒内部光影效果及变化。

设计任务

1 设计背景

山东建筑大学校园内的映雪湖是学校的主要景观场所，是师生休闲、赏景的好去处。但是，该处缺少能够让大家长时间驻足、交流的建筑空间。为此，本课题拟在映雪湖邻近区域选取两个地块，设计满足师生休闲、交流、观光需求的咖啡馆。

2 场地概况

两块拟设计用地分别为 A 地块、B 地块，其中 A 地块位于文德路与敏学路的转角位置；B 地块位于土木工程学院楼北侧，西邻文德路，北邻博学路。两个地块平面均为长方形，长 30m，宽 20m。

3 设计要求

设计者在设计时需要突出使用者通过咖啡厅来体验不同环境下光的艺术性。

3.1 设计内容

本课题要求两座咖啡厅除须满足校内师生休闲、交流的功能需求之外，还应能体现不同空间下的光这一设计主题元素。

3.2 主要技术指标

每座建筑均为 2 层，建筑面积约 600m²，详细指标如下：卡座区约 300m²；咖啡、饮料操作区约 30m²；冷餐、甜品加工制作间约 50m²；男卫生间（含前室）约 25m²，女卫生间（含前室）约 35m²；储藏间约 20m²；男更衣室约 15m²，女更衣室约 15m²；门厅、走廊及其他空间约 110m²。

4 练习步骤

4.1 了解光的特性

设计者需要掌握自然光的基本知识，了解不同时段下光的特性，以及各种情景下光对空间塑造的影响。

4.2 围绕光的主题展开设计

设计者按照设计咖啡厅的技术指标，围绕光这一主题展开设计。

课后练习

每位同学制作 10 个光的收集器（光盒子），并为每个收集器制作光影视频，最后将 10 个视频剪辑在一起，组成一个 7 分钟左右的视频。

练习要求

每位同学在演示装置模型收集光的效果时，须利用手电筒等光源从不同角度照射，以感受不同光照角度下收集装置的空间氛围。

▶ **模型讲评，课后每位同学选取 2 个模型进行应用、转化，设计"光 之咖啡厅"建筑方案**

教学目标

通过每位同学展示及老师讲评"光的收集装置"的视频，让同学们在直观上感受光对空间氛围营造的重要性。

授课内容

同学们依次展示"光的收集装置"的视频，老师逐一讲评。讲评重点围绕光影对装置空间的营造效果是否生动。

用多孔布料做成的光筒

多孔布料做成的光筒内部的光影效果

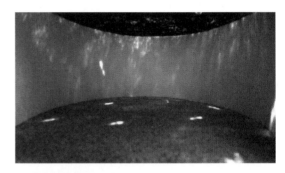

从顶部投射的散射光影效果

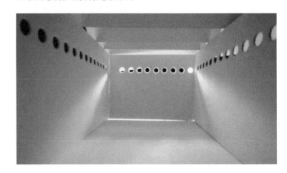

透过侧立板上的圆洞和瓦楞顶板投射的光影效果

透过瓦楞墙板投射进内部的光影效果

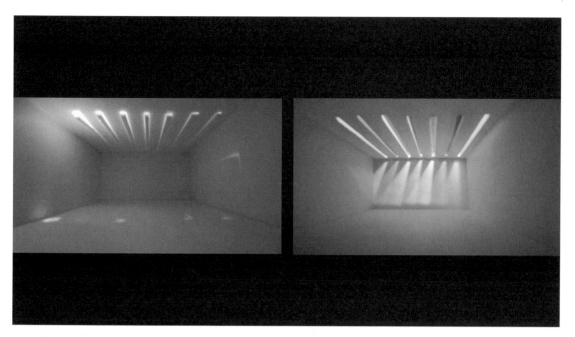

改变顶部天窗颜色的光影对比效果

透过不同颜色的光筒形成的光影效果

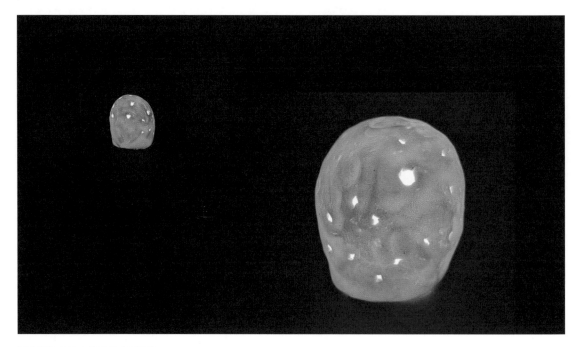

用胶泥塑成的光洞下的光影效果

透过侧板上的长条窗，在三角形空间下形成的光影效果

课后练习

　　课后每位同学从 10 个光盒子中选取 2 个进行深化，设计"光之咖啡厅"建筑方案。

练习要求

　　同学们将选取的 2 个光盒子收集装置转化、利用到"光之咖啡厅"建筑方案上时，主要借鉴收集装置上采光口的形式、排布，以及营造的空间氛围。

▶ 讲评建筑方案图和模型动画，课后修改方案和动画模型

教学目标

通过对"光之咖啡厅"建筑方案的讲评，检验同学们是否初步掌握了利用光影塑造建筑空间的特定氛围。

授课内容

1.每位同学展示两个地块的咖啡厅建筑设计方案图和动画。

2.老师讲评每个方案，讲评重点除功能布置、建筑尺度等知识点外，主要围绕建筑中光影的生动性与丰富性。

咖啡厅建筑方案 A——建筑外部效果

咖啡厅建筑方案 A——建筑室内光影效果

咖啡厅建筑方案 A 讲评：方案 A 运用了几何形态与观念赋予法的设计手法获取了自由、生动的建筑形态，这与咖啡厅的空间品质相契合。但是由于建筑表面维护结构过于开敞，建筑内部无法聚集太阳光，就导致了内部光影较为凌乱的效果。因此，设计者需要修改建筑表面维护结构，以使光线有目的地进入建筑内部

咖啡厅建筑方案 B——室内光影效果 1

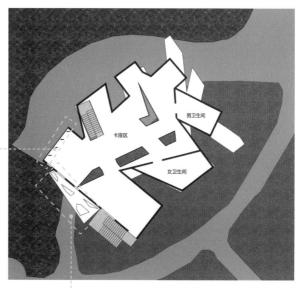

咖啡厅建筑方案 B——建筑平面图

咖啡厅建筑方案 B 讲评：图中天窗形式没有
按照几何秩序法则划分，同时天窗太多，导
致天窗下室内难以聚集光影。图中室内光影
丰富，塑造出生动的光影氛围。落地百叶窗
的形式过多，装饰成分应当去掉，换成其他
采光形式

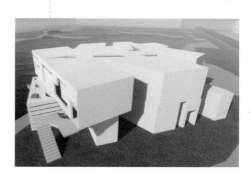

咖啡厅建筑方案 B——室内光影效果 2

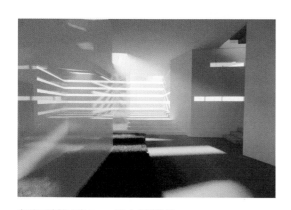

咖啡厅建筑方案 B——室内光影效果 3

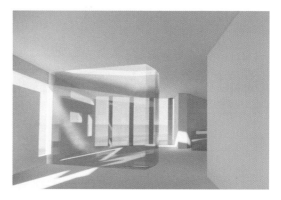

咖啡厅建筑方案 B——建筑外部形态

课后练习

1.每位同学根据课上老师讲评中提出的建
议，对方案进行修改，包括建筑尺度、功能流线，
尤其是建筑中光影效果等问题。

2.课后，每位同学完成两个咖啡厅建筑方案
的动画、平面图、剖面图以及总平面图。

▶ # 讲评方案图和动画，课后进行图纸排版

教学目标

通过对建筑方案动画的讲评，进一步检验同学们对建筑空间中光影利用的掌握情况，进而提出优化建议。

授课内容

讲评每位同学的两个不同场地的咖啡厅方案的动画、平面图、剖面图，以及总平面图。

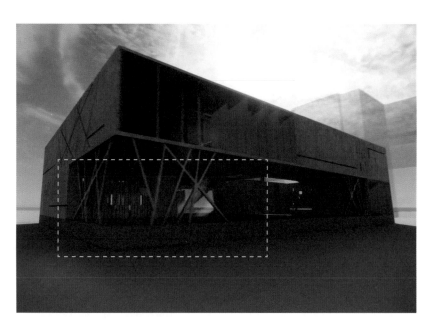

咖啡厅建筑方案 C——建筑室外效果

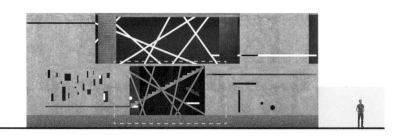

咖啡厅建筑方案 C——南立面图

咖啡厅建筑方案 C——建筑室内光影效果 1

咖啡厅建筑方案 C——建筑室内光影效果 2

咖啡厅建筑方案 C——建筑室内光影效果 3

咖啡厅建筑方案 C 讲评：图中的格栅太过装饰化，虽然可以塑造较好的光影效果，但形式不够率真，因此建议去掉格栅。图中室内的光影较为生动

咖啡厅建筑方案 D——建筑室外效果 1

咖啡厅建筑方案 D——建筑室外效果 2

咖啡厅建筑方案 D——建筑室外效果 3

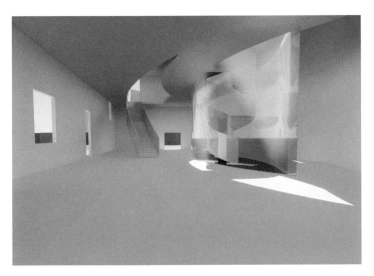

咖啡厅建筑方案 D——建筑室内光影效果 1

咖啡厅建筑方案 D——建筑室内光影效果 2

课后练习

1.每位同学将两个咖啡厅建筑方案在图纸上进行排版，每个方案须有一张图纸表达不同空间下的光影场景（如某个时刻、某个视角下的光的场景）。

2.图纸包括各层平面图、轴测图、剖透视图、剖面图、立面图、效果图等。

练习要求

在图纸排版过程中，先将版式确定，利用几何秩序法则的网格结构划分板块，在各个板块中填充图形、文字要素，对于尚未完成的建筑图，可以暂时保留空白状态。

▶ # 讲评图纸排版，课后修改

教学目标

通过讲评建筑图的绘制和图纸排版，提高同学们建筑方案设计的完整度，从而深化设计细节。

授课内容

课上，讲评建筑图的绘制和图纸排版情况。

图纸讲评： 图中建筑总平面图的矩形基底与三角形的建筑本体平面不够协调，建议修改基底形式

图纸讲评： 建筑立面图中矩形门与三角形立面形式不统一，建筑空间形式应当从整体到细部尽量统一

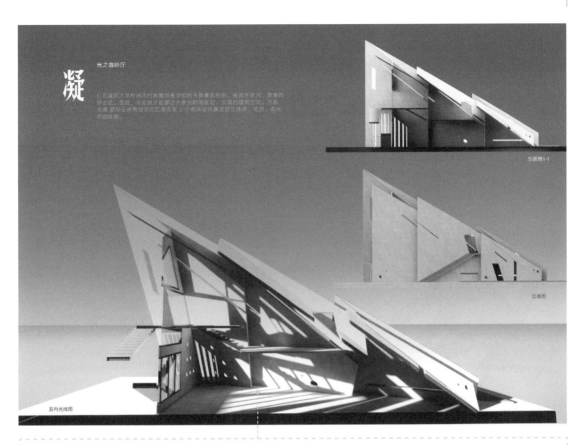

凝

光之咖啡厅

1.东南大学校河内的映雪池是学校内丰富素剧场所，是的生休闲、观景的好去处。但是，该处缺少某些让大家光时间逗留、交流的建筑空间。为此本课，题知在映雪池部区域选取 2 个地块设计满足师生休闲、交流、赏光的咖啡厅。

剖面图1-1

立面图

室内光线图

图纸讲评：图纸底部的剖透视图呈现的光影效果丰富，内部空间自由、灵活，这些特质与咖啡厅的要求较为契合

图纸讲评：该图纸顶部的剖透视图采用插画风格的表现方式，虽然可以较好地表达其空间形式的丰富性，但建筑内的光影效果没有呈现

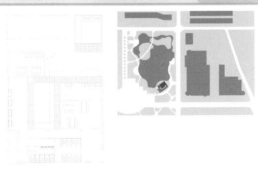

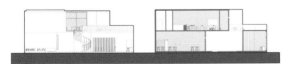

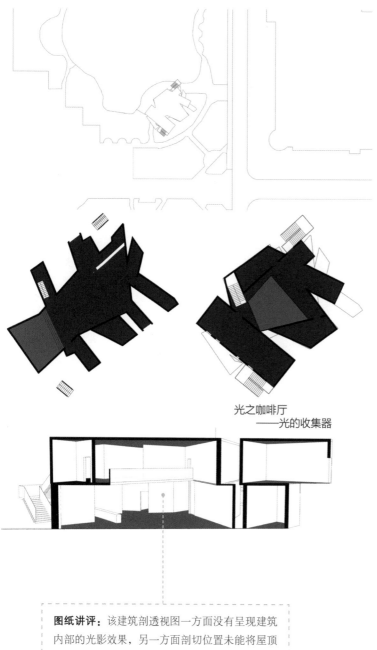

光之咖啡厅
——光的收集器

图纸讲评： 该建筑剖透视图一方面没有呈现建筑内部的光影效果，另一方面剖切位置未能将屋顶部位的采光构件表达出来

图纸讲评：以上图纸中的建筑外部形态与平面形式尚未构成空间的统一体。目前看来，建筑形体仅是形态的手法化，在建筑空间内部并未有与之匹配的空间形式。因此，需要进一步调整

课后练习

1.课后，根据课上老师讲评，修改、完善建筑图以及排版出现的问题。

2.完善建筑动画，充分表现建筑空间中光的效果。

3.课后制作建筑实体模型，模型比例为1：40～1：30。

练习要求

1.建筑平面图中需要布置室内陈设、家具、主要功能设施（如卫生设施）、门窗。

2.图纸中要有能表达光的意境的剖透视图（大图）。

3.动画要能反映出不同意境下的光环境，动画模型需要与图纸一致。

▶ 讲评图纸排版，课后修改、完善，并制作模型

教学目标

通过进一步图纸讲评，一方面调整随着设计的深入而出现的细节问题，另一方面推进设计的深度和完成度。

授课内容

课上，继续讲评建筑图的绘制和图纸排版情况。

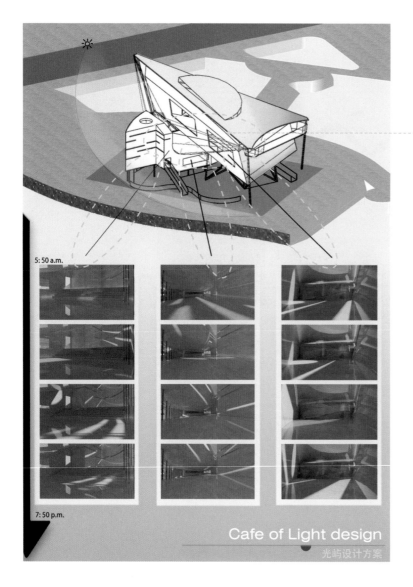

图纸讲评： 图纸顶部的轴测图中，建构自身的线性构件与图示引线的线型没有区分，影响了建筑图表达逻辑的清晰性

5: 50 a.m.

7: 50 p.m.

Cafe of Light design

光屿设计方案

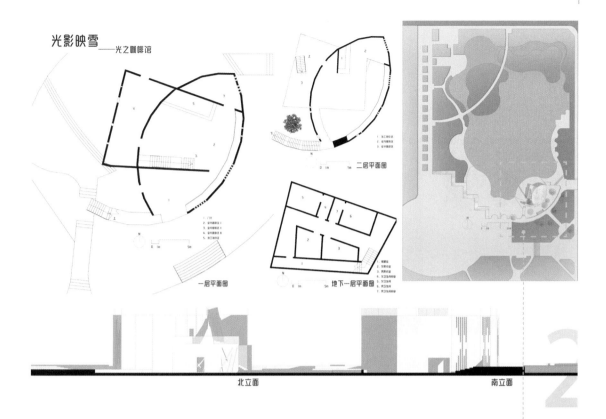

光影映雪——光之咖啡馆

一层平面图

二层平面图

地下一层平面图

北立面　　　　南立面

图纸讲评：图面色调整体较灰，图底关系不够清晰。另外，在总平面图中，主体建筑不够突出

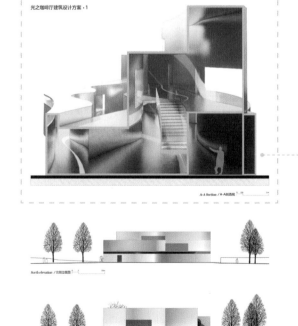

光之咖啡厅建筑设计方案·1

A-A Section / A-A剖面图

North elevation / 北朝立面图

North elevation / 北朝立面图

图纸讲评：剖透视图表达的建筑空间较为丰富，且光影效果生动。但是剖切面与墙体和屋顶等维护结构的区分度不够，因此，空间效果的清晰性有待提高

West elevation / 西南立面图

Site plan / 总平面图 1 : 500

图纸讲评： 室内空间的光影效果较为丰富、生动，较好地达到了本单元的训练要求，但是图中圆形窗洞的形式与整个流线型空间形式不够协调，需要调整

Left : curved inclined wall and opening;
Right : interior view of seating area
左：曲面斜墙及开洞 ； 右：朱座区内景

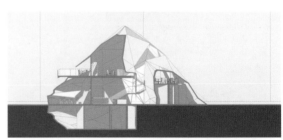

图纸讲评： 图纸中自上而下的三张建筑图采用了三种不同的表达方式，缺少统一性，这在图面效果的表达中需要进一步完善

流光

人视图

剖面A-A　　　　　剖面B-B

室内透视1　　　　　室内透视2

图纸讲评： 图纸呈现的室内光影效果较为丰富、生动，但顶部的建筑室外透视图相较于室内空间而言，在建筑形态的光影表现方面较弱，需要重新渲染

课后练习

　　课后，制作实体模型。

第12周

12-1

▶ **最终讲评图纸、动画、模型，进行单元总结**

教学目标

通过最终讲评"光之咖啡厅"建筑方案设计的图纸、动画、模型，回顾、总结本训练单元的知识要点，检验同学们的训练成果，并提出相应的注意事项。

授课内容

课上讲评图纸、动画和模型，检验本单元"光的收集装置"的训练成效。

设计：石丰硕

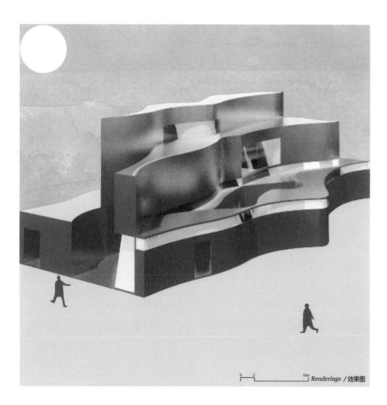

0 2   10m *Renderings* / 效果图

02

Architectural design of cafe of light

光之咖啡厅建筑设计方案

上：室外效果图
右：室内楼梯处效果图
Upper: Outdoor effect picture
Right: Effect drawing of indoor staircase

Interior Design Renderings

左：二层室内效果图
右：一层室内效果图
Left: Renderings on the second floor
Right: Renderings on the first floor

光之咖啡厅建筑设计方案·03

B-B Section / B-B 剖透视

平面介绍

建筑整体为流线形，所以顺应
建筑形态，室内空间多沿流线
形布置。

1 卫生间　2 制作售卖区
3 室外休闲区　4 储物间　5 上空

光之咖啡厅建筑设计方案·01

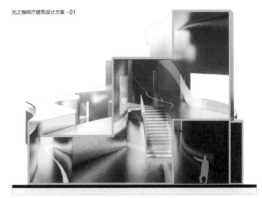

A-A Section / A-A剖透视

C-C Section / C-C 剖透视

场地介绍

场地位于映雪湖南侧，文德路
与智学路的转角位置。场地需
向大道斜坡绿化。更适合为学
校内重要的交通道路文德路。
建筑红线内用地面积为30m x
20m。

North elevation / 南侧立面图

North elevation / 北侧立面图

Site plan / 总平面图　1：500

山东建筑大学校园内的映雪湖是学校的
主要景观场所，是师生休闲、赏景的好
去处。但是，读却缺少眺望让大家长时
间驻足、交流的建筑空间。为此，本设
计拟在映雪湖邻近区域设计满足师生休
闲、交流、观光的咖啡厅。

Ying Xuehu on the campus of Shan-
dong Jianzhu University is the scho-
ol's main landscape places, it is the
teachers and students leisure to enj-
oy the good scenery. However, the-
re is a lack of long-term access space
for space to stop and communicate.
To this end, it is planned to be desi-
gned in the adjacent area of Ying X-
uehu to meet the teachers and stu-
dents' rest Cafes for leisure, comm-
unication and sightseeing.

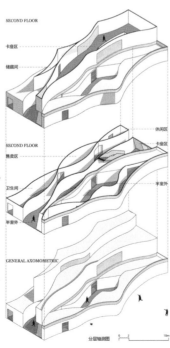

SECOND FLOOR

卡座区

储藏间

SECOND FLOOR

售卖区

卫生间

休闲区

卡座区

半室外

半室外

GENERAL AXOMOMETRIC

分层轴测图

光之咖啡厅建筑设计方案·模型照片

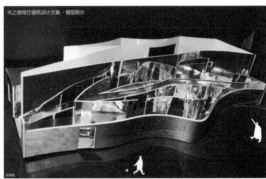

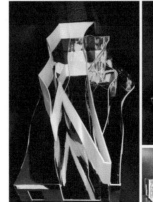

设计：梁润轩

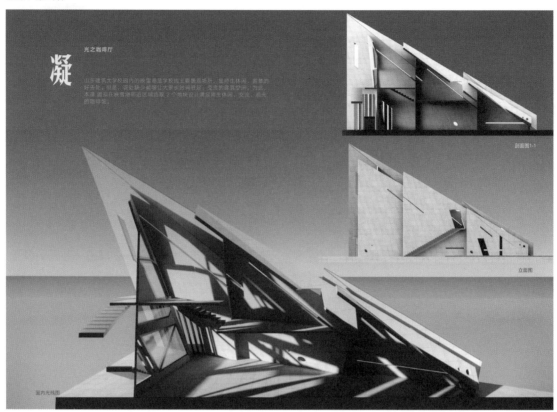

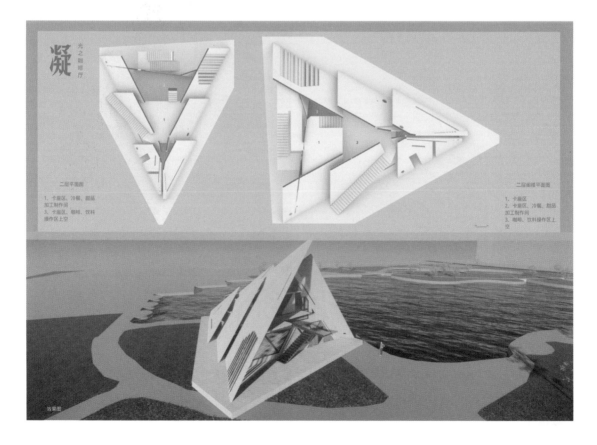

设计：梁润轩

设计：刘源

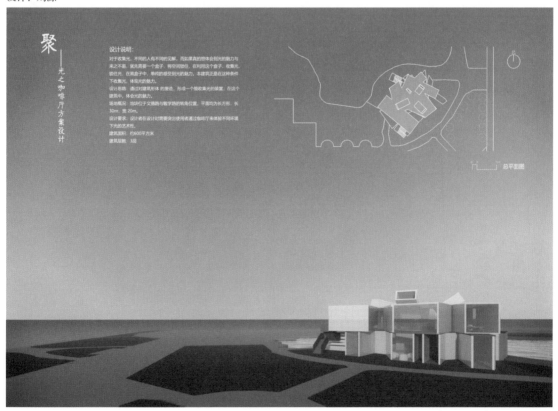

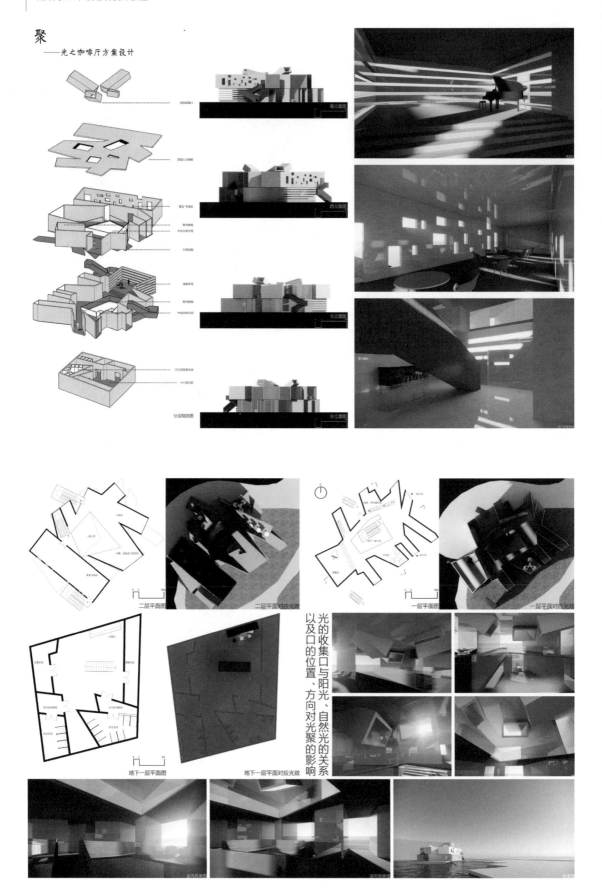

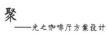

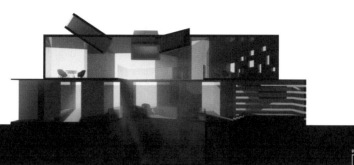

A-A剖透视图

0 1 5m

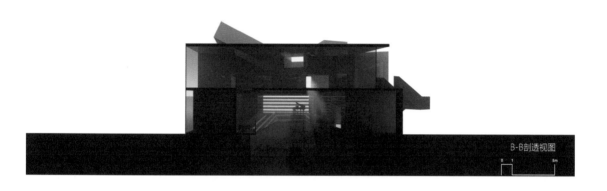

B-B剖透视图

0 1 5m

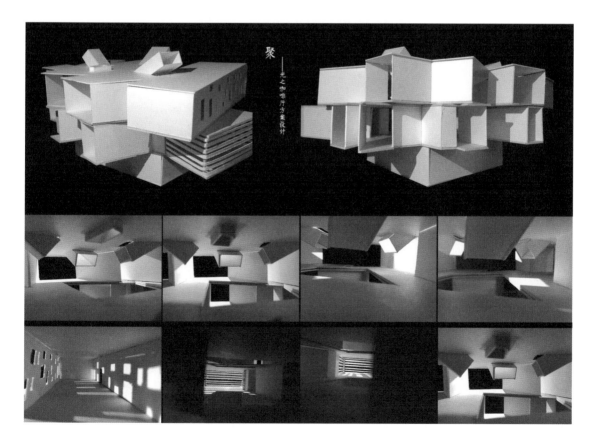

第四单元

场景与空间序列训练

　　建筑空间既是人们日常生产、生活的客观环境，又是故事发生的重要场景。让练习者通过故事脚本的组织，将空间进行编排，利用空间形式、氛围及多种空间的组合，形成满足故事发生需要的空间场景是本单元训练的难点、重点。通过本单元的训练，可逐步提升练习者对空间场景的认知和表达能力。

4

第 12 周

12-2

▶ **讲授单元训练课题，课后进行剧本编写训练**

教学目标

1. 训练同学们对空间场景的感知与认知能力。

2. 训练同学们的空间场景想象与表达能力。

3. 训练同学们运用空间场景序列的组织能力表达空间的戏剧效果，同时通过设计明确建筑物作为生活场景载体存在的特性，在关注其物体形式的同时，更应该关注其所承载的生活场景展开的作用，认识到对建筑的表达也是讲述生活在建筑内部的人的故事。

授课内容

1. 以"雅典卫城"为例，讲授空间场景与电影场景的关系，主要知识点来源于爱森斯坦的论文集。

2. 讲授空间序列的概念及构成要素、组织方式。

3. 以爱森斯坦、希区柯克、塔尔科夫斯基的电影为例讲授电影场景的设计。

4. 对照柯布西耶的建筑讲授空间场景设计。

5. 布置这一单元的设计任务之一"可以作为电影道具使用的住宅"。

设计任务

每位同学设计一栋用于拍摄微电影的小住宅作为场景道具，其中住宅环境、内部功能空间类型和面积指标根据所要表达的戏剧效果自己拟定。

每位同学设计的电影风格必须具有现代性。

电影《战舰波将金号》分镜头

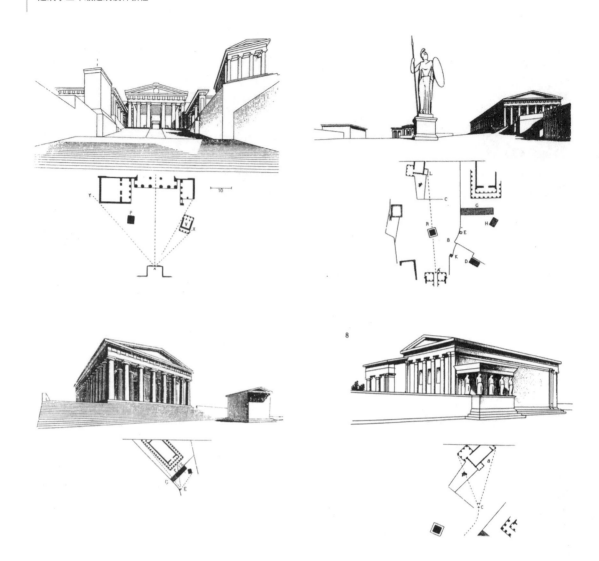

爱森斯坦对雅典卫城的空间场景的分析

1.自拟一个发生在小住宅内外的故事小剧本，以场景想象为出发点，编制一份描述故事发生场景的分段落文字稿。

2.根据故事小剧本，进行场景想象，并依照剧情的展开设定场景，画出微电影的场景分镜头画面。

练习要求

1.自己拟定一个场地。这个场地可以是同学们去过的真实的地方，它符合同学们对剧情发生的设想；可以是虚拟的场地，带有同学们需要的条件（比如：地形、景观、朝向、气候、氛围）；可以是完全抽象的，没有具体条件。但是每一个人都必须根据拟定的剧本解释自己对场地的感受、理解和想法。

2.通过文字，并以漫画、示意图等辅助方式阐释场景，类似于每个人都描绘一个剧情展开的场景，也就是场景镜头划分（分镜头剧本）。

第 13 周

13-1

▶ **讲评剧本，课后修改剧本，并绘制电影分镜头**

教学目标

通过讲评，检验同学们在剧本创作中的空间场景、故事线索是否生动。

授课内容

每位同学展示、介绍自己创作的剧本，老师逐一讲评。

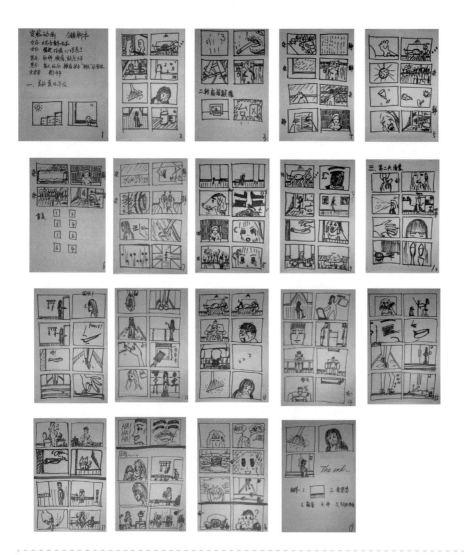

电影剧本 1 讲评：该同学全部用简笔画的表达方式描述了整个电影故事，题材生动，但是每个分镜头强调的是事件发生的故事性，突出了事件、人物，缺少了本单元要求的空间场景的塑造与设计。另外，还应有必要的文字作为剧本的串联媒介

北归

1990 年的夏天，在淮江人民医院的一间病房内传出了一个男婴充满活力的哭声，夏小满出生了。

夏小满从小在桃花乡长大，这个小村子因盛产桃花酒而闻名。从小听着过往路人的故事长大的夏小满，对大都市产生了向往，大都市中的各种见闻，五颜六色的霓虹灯，车水马龙的街道，还有各色各样的人，在夏小满的心中留下了深刻的印记。终于，在一个凉爽的夜晚，夏小满向小伙伴们宣布，自己长大后一定要去大都市生活，小伙伴们向他投去了敬佩的目光。

夏小满努力学习，考上了县里的重点高中。在那里，他有了更多憧憬。

高考结束后，夏小满如愿考上了沪杭的一所名牌大学，学的是热门专业——计算机。小满在学校里勤奋学习，希望能够留在那里。毕业后，小满进了"大厂"，成了一名"码农"。但这里的房价高不可攀，小满工作了 5 年，看着银行里微薄的存款，知道想在这里留下来根本不可能。一天晚上，小满忙完手上的工作，靠在椅背上放松一下，这时，桌子上的手机响了，是一个陌生的号码："小满，还记得我吗，我是大海。"原来是发小，自从工作之后，两个人就很少联系了。"小满，我听说你在沪杭，我来沪杭谈客户，就想到了你，出来聚聚吧。"小满忙了一天，正好想出去透透气。

见面后，两人天南海北地聊了起来。小满从大海口中得知，大海从农业大学毕业后，就义无反顾地回到了家乡，结了婚，婚后有了两个孩子，一家人过得很幸福。大海还积极响应了扶贫政策，在家乡搞起了农产品的品种筛选和培优。小满这才想起来冰箱里父母从家乡寄来的桃子，父母说，今年的桃子比往年甜了不少，看来这都是大海的功劳。大海此次来，为的就是寻求农产品的销售渠道，他来沪杭已经几天了，但迟迟没有结果，这次来也是想请小满想想办法。小满每天被工作占据了大部分时间，根本没时间想这些事情，只好先应下来。他们又提到了小满在老家盖的房子，提起这个，小满有些得意，这是他请在设计院的同学设计的，为了让父母两人在家乡过得舒服一点，他在这上面可下了不少功夫。小满问了大海许多家乡的事，问到了父母身体是否还好。大海说，小满父亲前几天为了摘桃子不小心从梯子上摔了下来，受伤住进了医院，不过并无大碍，已经出院回到家中。小满担心起来，父母在电话里只说自己身体很好，并没有向他提起过此事。小满想到上次打电话已经是半个月前了，暗暗决定，回到家后一定要给父母打个电话。

因为每年过年的时候，公司都会鼓励加班，以丰厚的加班费作为报酬，所以小满已经好几年没有回家了，但想到家中的父母，小满决定今年无论如何都要回去。

父母自从住上小满建的房子后，非常开心，无论谁经过这栋房子，都会不禁赞叹一番。可是这种快乐只是短暂的，小满几年没有回家，二老非常想念小满，母亲时常坐在窗边望着路口，希望小满的身影会出现，但她自己也知道，这是不可能的。渐渐地，母亲养成了在窗边望路口的习惯，父亲则经常在院子中抽着闷烟，他平时很少透露自己的思念，但他的思念并不比母亲少。一次，父亲在院子中摘桃子，不禁想起小满儿时向自己要桃子吃的情形，一个没留神摔了下来。

这次过年回乡途中，小满看到了穿行在山中平整的公路，还有各类完备的基础设施，深切感受到了这几年家乡的变化。

回到家中，两位老人看到小满先是疑惑，然后转为惊喜，脸上笑开了花。母亲拥抱了小满，随后欣喜地走向厨房，边走边说："今晚吃饺子，今晚吃饺子……"小满回到家中，身上的担子都放了下来。在外打拼的几年，住在租来的房子中，看着外面的城市夜景，他怎么也感受不到家的感觉，这次回到家，他感觉自己其实是属于乡村的。

回到家中，小满的童心再一次被唤起。他对家乡的一切变化都带着好奇心，每天吃完早饭便早早出门，在村中东瞧瞧、西看看，乡村的变化让他的心跳加快，他又记起了儿时的快乐。晚上，大海来到家里，再次问起小满家乡农产品的销售出路的事情。家乡的变化让小满灵感顿生，他的大脑飞快地转着。他想到了此时正红火的电商经济，于是建议大海通过网络把产品卖出去。他们相谈甚欢，聊了很多外来的产品和乡村的发展。第二天，小满睡眼惺忪地起床，发现父母正担忧地坐在电视机前。电视上正播着新闻，原来是新冠疫情暴发了，这场抗疫之战也对这个在山中的小村庄产生了影响。母亲感慨着要不是小满回来得早，就被困在沪杭了。随后，全村响应国家号召，人人都待在家中，本来想早回去的小满现在回不去了。他心想这也好，正好能借这个机会在家好好休息，好好在自己建的房子中享受一下，也为大海和家乡推销产品贡献一份力量。

在接下来的几个月里，小满的想法逐渐改变，他终于做出了留在这里建设家乡的决定。

电影剧本 2 讲评：全篇采用大段文字进行电影故事剧本的设计，其优点是注重了可读性与故事连贯性，缺点是缺少必要的故事发生的空间场景的设计。因此，要给每个故事设计必要的空间场景

场地是城郊的丘陵地，地势有轻微起伏，建筑处在一片有护栏围合的小院子内。建筑外围环绕一圈绿化，绿化外有一圈石板路，主入口在建筑的北侧，建筑主入口与院子大门由一条宽敞的水泥路连接，水泥路在与石板路相交前分岔，通向建筑西北侧，停车场地位于此处。

故事围绕两个青年女性展开。王絮，硕士学历，爱好是养花，跟着家里长辈搞点儿投资，不服管，在家里待不住，现在一家外贸公司做挂名的经理，爱接话。露露，本名陆露，艺术院校在读研究生，成绩不错，书香门第出身，艺术天赋高，尤其对画画有浓厚的兴趣，有点儿清高，长得好看。两人是发小，性格却截然不同，爱好也不一样，若不是从小认识，也玩儿不到一起去。两人在本科时开始做一些设计的兼职，加上家里人补贴，一起买下了这个小院子，这里是两人的"世外修行圣地"。两人还有一辆小轿车。

第一部分：一个下雨的晚上，但其实天不怎么黑，泛着红光。露露站在大落地窗前，光脚踩在木地板上。这是间画室，墙很白，上面挂着裱好的油画和素描稿，和对面墙上满满当当的一整排画比起来还少了几幅。宽敞的画室北边有一扇巨大的落地窗，虽然采光不怎么直接，但若是白天，明亮的天光能一直照到门口。整个房间像一个斜躺着的金字塔从上面截掉了一个尖，硬生生被黑色的门堵住了刀口。落地窗足有七八米高，露露靠着窗边的画架站着往屋里看，二层的玻璃围栏被画室的壁灯映着反射出光影来。

（下图为画室及部分二层示意图）

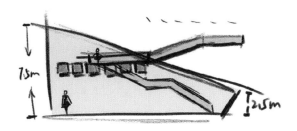

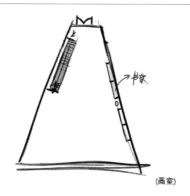

(画室)

王絮从二层的玻璃围栏那里露了个脑袋出来，被二层那盏不怎么亮的暖光灯映出个影儿，进入了露露的余光。露露没动身子，张了张嘴，话没出口，王絮一清嗓子喊道："露露——露——"露露眼珠微妙一转："我说过画室不能……""哎，知道知道，不能喊，我已经喊了。好了好了，有个事儿，就昨天我问你的那《朝圣》，能不能画啊？"王絮这话还没落下去，露露已经留了个后脑勺给她，擦着一溜儿书架往门那儿走去了。

第二部分：其实王絮知道露露已经开始画那幅画了，露露有个毛病，就是不爱把门带紧，走廊两头的窗一开，穿堂风就会吹过。王絮过去把门带上，沿着走廊东头的楼梯下到画室东侧的客厅，探头探脑找人影。露露不在屋里，客厅南面墙上挨着沙发背，开着大片的落地窗。王絮看着外面地上水洼儿里面没什么忽闪的光，可能露露跑外面去了吧，王絮闪了个念头，开了门试探着迈出去。房子外头绕了一圈黄色的花，映着黑红黑红的天，显出一种脏兮兮的橘红色。花不是栽在盆里的，而是密密麻麻地生长在地里。一圈绕着屋子的石板铺成一条窄道，从房子正门口往外延伸的石子路分出岔去。露露穿着双平跟鞋在画室外看花，可能她连花的名字都取好了，入过她画的东西都有个文艺的名字，王絮就记着这花叫什么邓什么多的。

第三部分：刚下了雨，又是在夏天，屋子里湿气变得很重，王絮从客厅的折跑楼梯上楼。上到一半，王絮回过头去看坐在沙发上收拾资料的露露，赶不及似的又催着："记得帮我画那幅画。"说完就跑没影了。露露从沙发上把市里参加绘画比赛的选手资料揽成一沓，收到茶几上的档案袋里，关了长沙发正对着的待机的电视，"飘"上楼去。

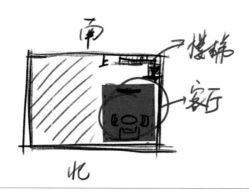

电影剧本3讲评：该剧本不仅设计了电影的故事逻辑线索，同时还设计了较为现代的空间场景。但是，对于每个故事场景的设计不足，目前，仅交代了整体空间场景的设计，接下来需要对局部空间场景进行深化设计

课后练习

同学们绘制电影场景的分镜头剧本，表现手段不限，分镜头剧本尺寸为21cm×15cm，格式为JPG或PDF，分镜头序号为1、2、3……

▶ **讲评电影分镜头，课后根据电影分镜头设计建筑方案**

教学目标

训练同学们将文本故事转换为图像故事场景的创作能力，通过讲评，检验同学们在电影剧本创作中所创造的空间场景的生动性、丰富性。

授课内容

1. 每位同学展示自己制作的电影剧本，并对照故事情节，介绍剧本中的空间场景。

2. 老师讲评电影剧本，并提出修改或深化建议。

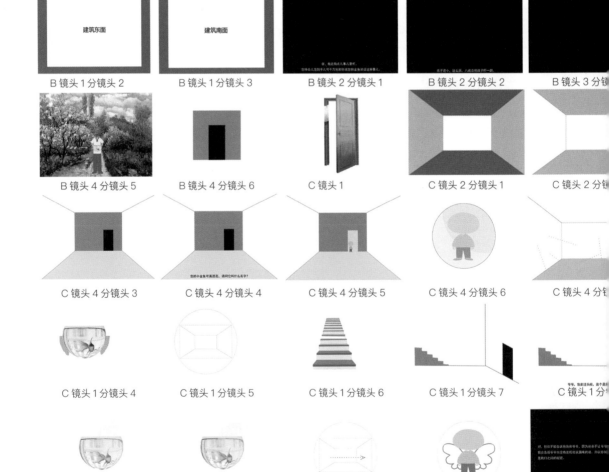

B 镜头 1 分镜头 2　　　　B 镜头 1 分镜头 3　　　　B 镜头 2 分镜头 1　　　　B 镜头 2 分镜头 2　　　　B 镜头 3 分镜

B 镜头 4 分镜头 5　　　　B 镜头 4 分镜头 6　　　　C 镜头 1　　　　C 镜头 2 分镜头 1　　　　C 镜头 2 分镜

C 镜头 4 分镜头 3　　　　C 镜头 4 分镜头 4　　　　C 镜头 4 分镜头 5　　　　C 镜头 4 分镜头 6　　　　C 镜头 4 分镜

C 镜头 1 分镜头 4　　　　C 镜头 1 分镜头 5　　　　C 镜头 1 分镜头 6　　　　C 镜头 1 分镜头 7　　　　C 镜头 1 分镜

C 镜头 2 分镜头 4　　　　C 镜头 2 分镜头 5　　　　C 镜头 2 分镜头 6　　　　C 镜头 2 分镜头 7　　　　C 镜头 2 分镜

1.需要同学们根据电影剧本和镜头设计建筑方案。

2.下节课讲评建筑方案的动画，每个动画时长为 3 ~ 5 分钟。

练习要求

1.在设计建筑方案时，自己需要拟定一个场地。这个场地可以是同学们去过的真实的地方，符合同学们对剧情展开的设想；可以是虚拟的场地，带有同学们需要的条件（比如：地形、景观、朝向、气候、氛围）；可以是完全抽象的，没有具体条件。但是每一个人都必须根据拟定的剧本解释自己对场地的感受、理解和想法。

2.需要注意，设计建筑形态时，需要用五种空间形态设计法的其中之一。

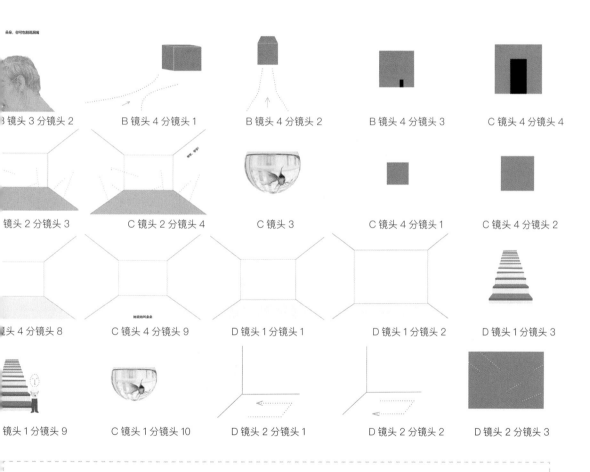

朵朵，你可也别乱跑啊

B 镜头 3 分镜头 2　　B 镜头 4 分镜头 1　　B 镜头 4 分镜头 2　　B 镜头 4 分镜头 3　　C 镜头 4 分镜头 4

镜头 2 分镜头 3　　C 镜头 2 分镜头 4　　C 镜头 3　　C 镜头 4 分镜头 1　　C 镜头 4 分镜头 2

镜头 4 分镜头 8　　C 镜头 4 分镜头 9　　D 镜头 1 分镜头 1　　D 镜头 1 分镜头 2　　D 镜头 1 分镜头 3

镜头 1 分镜头 9　　C 镜头 1 分镜头 10　　D 镜头 2 分镜头 1　　D 镜头 2 分镜头 2　　D 镜头 2 分镜头 3

电影剧本讲评：整个剧本采用了多镜头、多视角的场景呈现方式进行故事的讲述，在此基础之上，穿插远景、中景、近景，以及特写的拍摄手法，以实现设计者对故事的诠释。因此，整个剧本呈现方式的设计应当说具有一定的新颖性，但不足之处在于空间场景的呈现过于片段化，且设计深度不够。空间场景片段化导致了场景意境不深刻，而细节的缺失更是放大了这一问题的影响

► # 讲评建筑动画方案，课后修改、完善建筑方案动画

教学目标

检验同学们从电影剧本到布景建筑的阶段性创作成果。

授课内容

每位同学展示自己的建筑方案动画，然后老师逐一讲评每个方案，包括方案中空间序列、光影、空间丰富性，以及空间与剧本之间的联系等方面的问题。

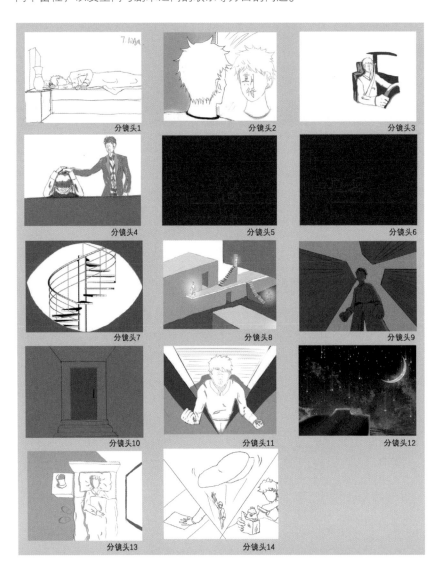

电影剧本分镜头

建筑方案动画场景 1

建筑方案动画场景 2

建筑方案动画场景 3

建筑方案动画场景 4

建筑方案动画场景 5

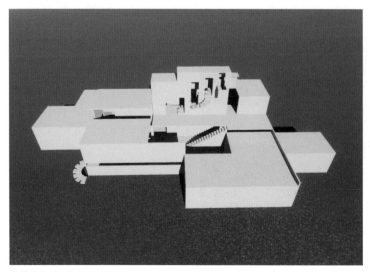

建筑方案动画场景 6

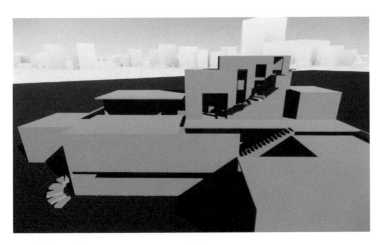

建筑方案动画场景 7

建筑方案动画讲评：该建筑方案动画与上节课中的电影剧本有较好的呼应，是在剧本基础上进行的建筑空间场景的深化设计，同时也弥补了剧本设计阶段空间场景缺少细节的问题

课后练习

　　课后修改、深化建筑方案设计动画，包括室内外场景、立面、室内布置、光影、空间序列。

练习要求

　　动画时长 3 ～ 5 分钟，要求包括片头和片尾。

▶ **讲评建筑方案动画，课后修改、完善建筑方案动画，并进行建筑图纸的排版**

教学目标

检验建筑方案的修改情况，帮助同学们推进建筑方案的修改和完善。

授课内容

每位同学展示自己的建筑方案设计，老师对其进一步讲评。

分镜头场景设计深化图

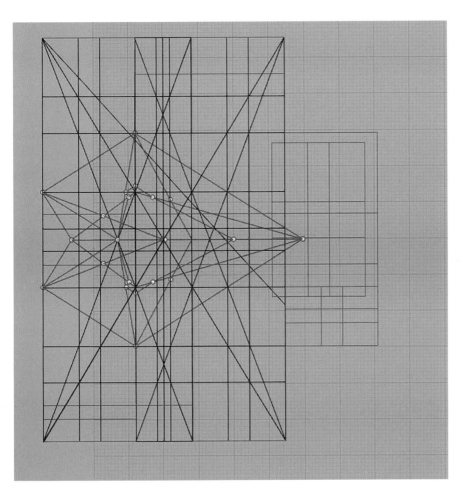

建筑平面优化设计图

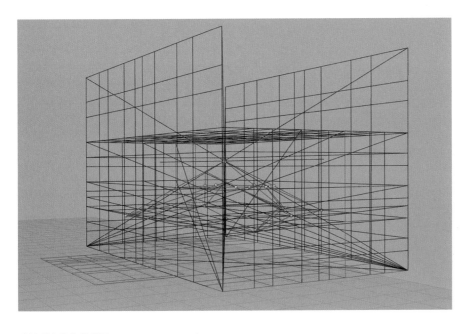

建筑形态优化设计图

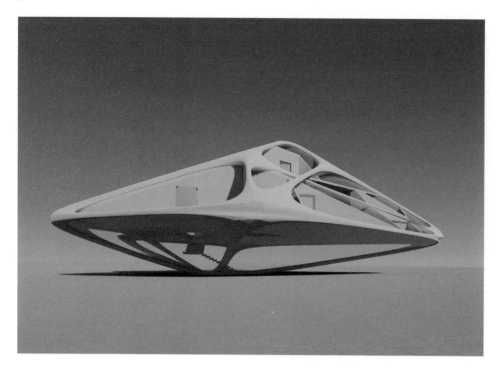

建筑动画场景 1

建筑动画场景 2

建筑动画场景 3

建筑动画场景 4

建筑方案动画讲评：本方案从镜头场景设计到建筑方案设计，整体的一致性较好，具有较好的连贯性，尤其是优化设计中严格运用了几何秩序法则控制几何形态的生成。但是，"建筑动画场景 3"中的楼梯形式和"建筑动画场景 4"中 V 形墙体形式感太过厚重，与建筑的整体流线、轻盈的形式不协调。另外，"建筑动画场景 4"中走廊顶棚的矩形灯带形式与建筑流线形态不够协调

课后练习

课后，同学们修改、完善建筑方案动画，然后进行建筑方案图纸排版。

▶ 讲评建筑方案动画和图纸排版，课后深化、完善图纸表达

教学目标

　　检验同学们的建筑方案设计图纸的绘制与排版情况，并对其提出优化建议。

授课内容

　　每位同学展示建筑方案设计图纸，老师对其进行讲评，包括排版、建筑图表达的规范、表达效果等。

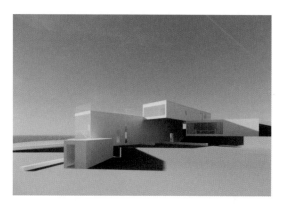

建筑方案 A 动画场景 1

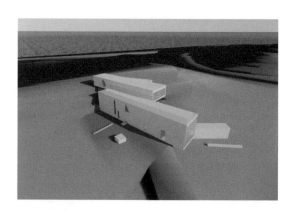

建筑方案 A 动画场景 2

建筑方案 A 动画场景 3

建筑方案 A 动画场景 4

　　建筑方案 A 动画讲评：从动画场景看，设计者运用了较为抽象的几何体块进行巧妙组合，使之较好地与电影脚本中的场地条件相适应。建筑内部空间较丰富，尤其是"建筑方案 A 动画场景 3""建筑方案 A 动画场景 4"中的室内空间氛围塑造得较为生动

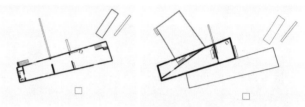

建筑方案 A 设计图纸 1

建筑方案 A 设计图纸 1 讲评：室内场景表现图与抽象、灵动的建筑形态不符，未能表达出室内空间的戏剧性，建议将其替换掉

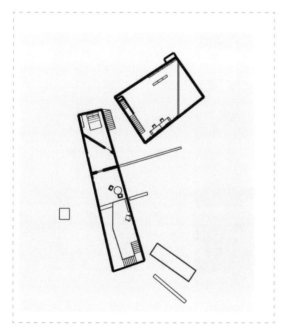

建筑方案 A 设计图纸 2 讲评：目前，该建筑平面图表达不够深入，细节刻画不完整，且线型未区分，课后需要进一步完善

建筑方案 A 设计图纸 2

建筑方案 B 动画讲评：从动画场景看，新的建筑坐落于山村环境之中，这与设计者创作的"青年返乡"的故事剧本形成了呼应

建筑方案 B 动画场景 1

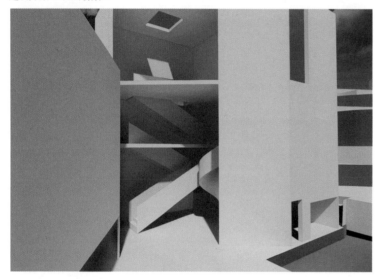

建筑方案 B 动画场景 2

建筑方案 B 动画场景 3

北归

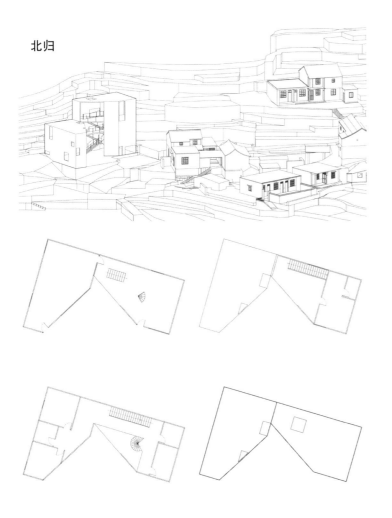

建筑方案 B 设计图纸

课后练习

1. 课后修改、完善图纸表达与排版。

2. 准备模型材料，计划建筑模型的制作。

练习要求

每位同学排一张主题为"空间场景分镜头"的手绘分镜头的 A1 大小的图，按照分镜头顺序平铺构图即可，但每个分镜头需要以简短的文字说明。再排一张主题为"空间场景呈现"的 A1 大小的图，每个空间场景顺序尽量与上一张分镜的顺序对应起来。然后，进行建筑图纸排版。每位同学尽早安排模型制作的准备工作。

▶ # 讲评图纸表达与排版，课后完善图纸表达并制作实体模型

教学目标

　　对图纸表达提出修改建议，推进图纸表达的完成度。

授课内容

　　同学们展示建筑方案设计图纸，老师继续讲评。

建筑方案 A 图纸讲评：图纸顶部的建筑立面图、剖面图比例太小，导致建筑立面图及剖面图呈现的空间丰富性得不到充分展现。此外，这还使得这些建筑图失去了应有的建筑尺度，在图面中仅能够成为"图形"

建筑方案 A 设计图纸

建筑方案 A 图纸讲评：图纸底部占据图面主要位置的场景效果图未能呈现出局部建筑空间场景的生动性。目前而言，一方面选取的空间视角欠佳，另一方面，该空间的细节设计深度不够，这导致了该场景没有达到理想的效果

一线｜CRACK HOUSE [分镜脚本]

可作为电影道具使用的住宅

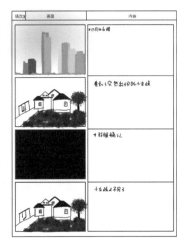
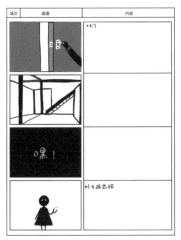

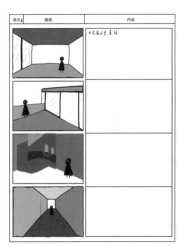
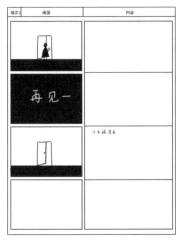

建筑方案 B 电影剧本排版

一线 | CRACK HOUSE [空间场景呈现]　　　　　　　　　　　　　　　　　　　　4

可作为电影道具使用的住宅

建筑方案 B 电影场景图排版

建筑方案 B 图纸讲评：该方案中的电影剧本与电影场景的图纸排版较为严谨，设计有序，且两者的相互对应关系较好

建筑方案 B 图纸讲评：图纸顶部的 4 个建筑平面图和中间位置的 4 个建筑立面图比例太小，其建筑空间形态得不到充分展示

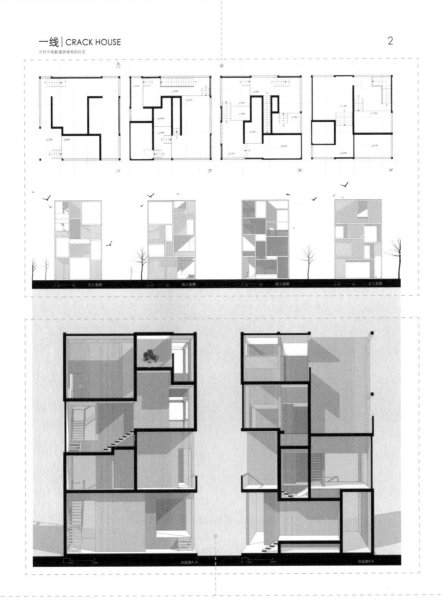

建筑方案 B 图纸讲评：图纸底部位置的 2 个建筑剖面图所呈现的建筑空间较为丰富，但由于建筑比例与图纸上部的平面图和立面图的比例差距太大，导致整套建筑图的比例不统一

课后练习

1. 课后深化，完善图纸表达。

2. 制作实体模型，拍照后排版。

第 16 周

16-1

▶ **讲评最终方案设计动画、图纸，总结单元训练要点**

教学目标

最终检验同学们的"可以作为电影道具使用的住宅"建筑方案设计的完成情况。

授课内容

1.每位同学展示最终建筑方案设计的动画、图纸，老师对其进行讲评。

2.老师总结本单元的训练内容、要点、目标。

设计：石丰硕

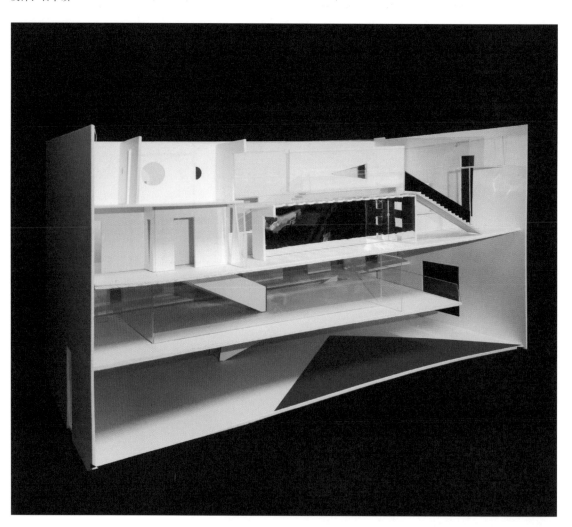

设计：宁思源

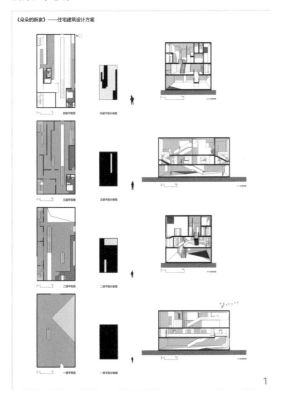

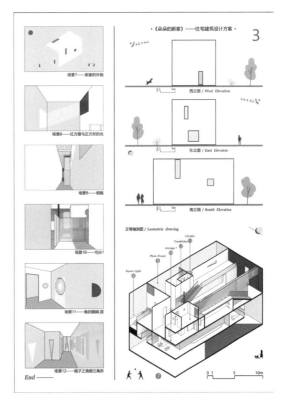

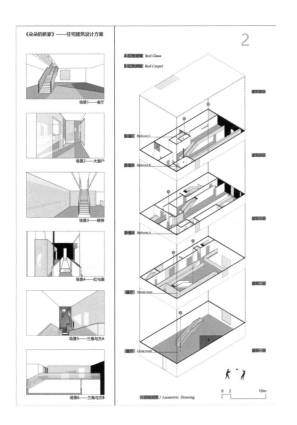

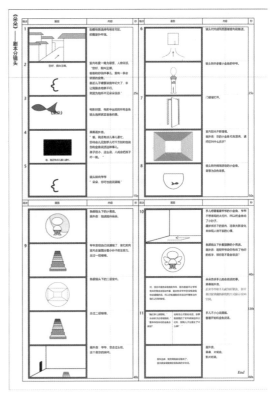

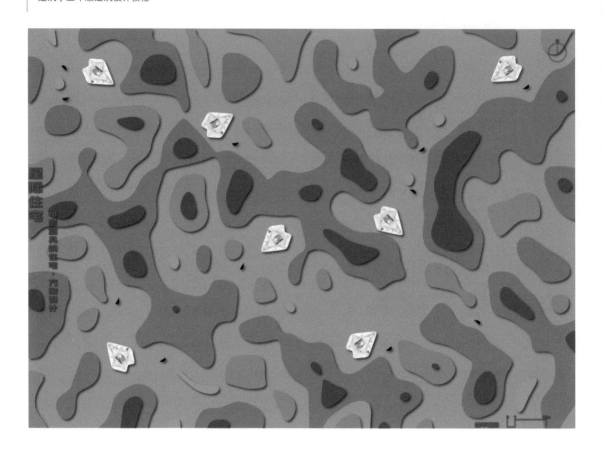

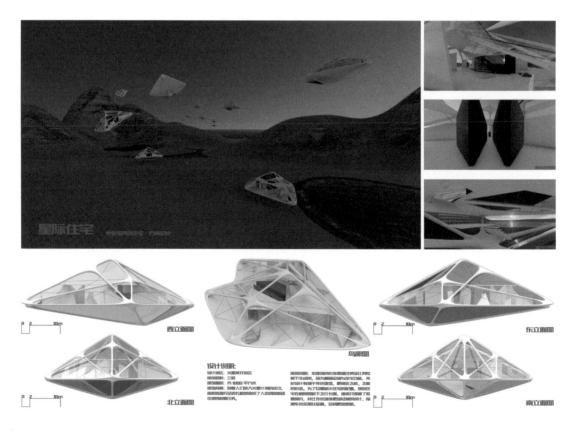

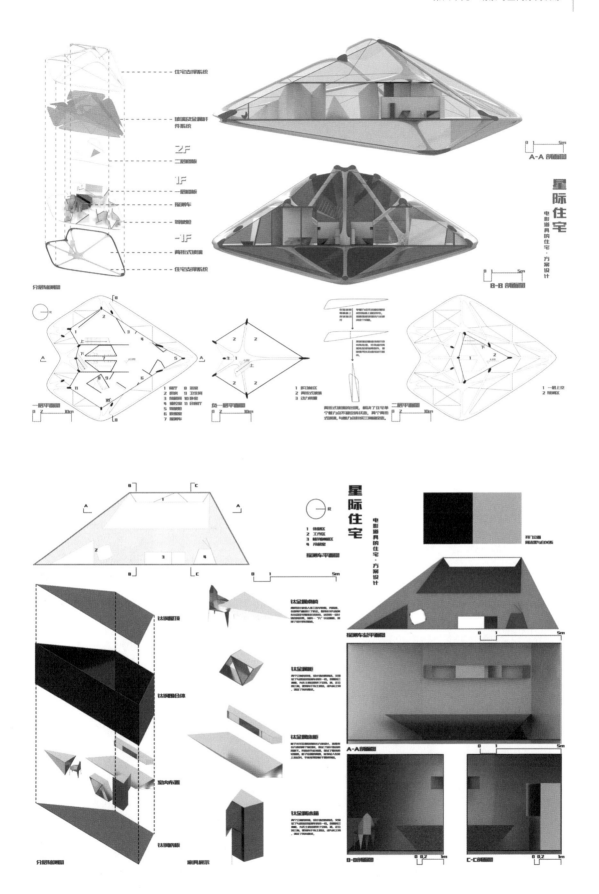

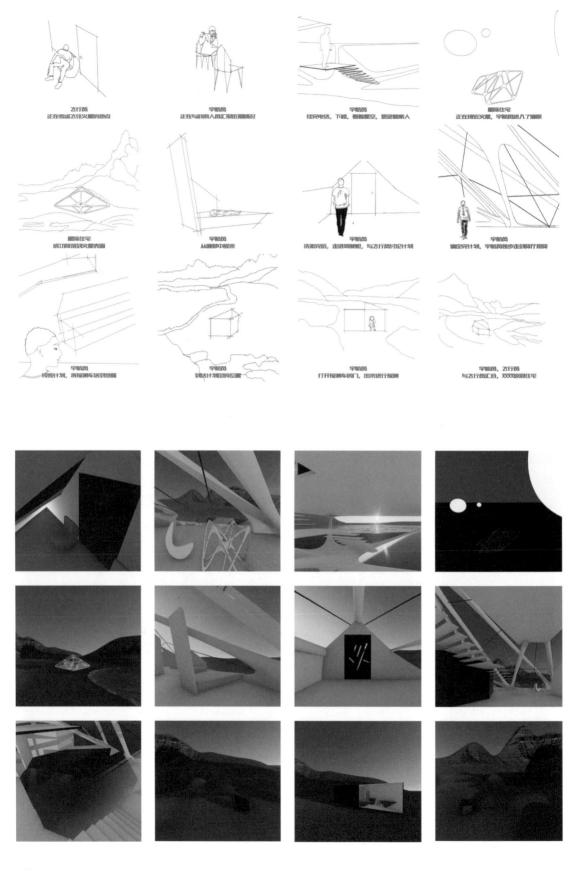

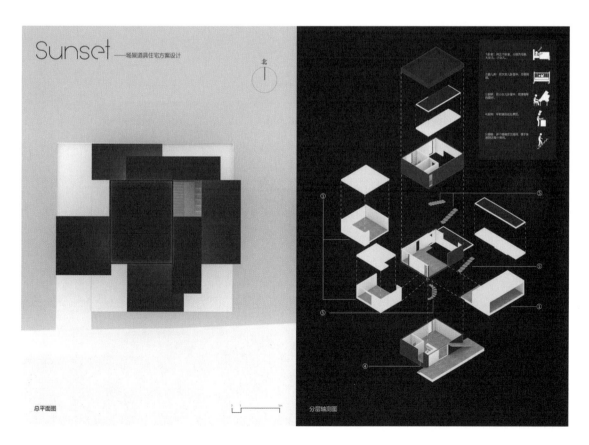

总平面图

分层轴测图

Sunset —场景道具住宅方案设计

北立面 　　　　　　东立面

南立面 　　　　　　西立面

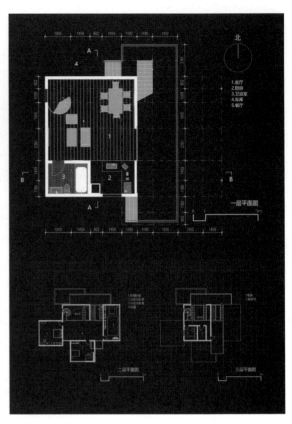

北

1.客厅
2.厨房
3.卫浴室
4.车库
5.餐厅

一层平面图

二层平面图 　　　　三层平面图

Sunset —场景道具住宅方案设计

B-B剖面图 　　　　A-A剖面图

A-A剖透视图

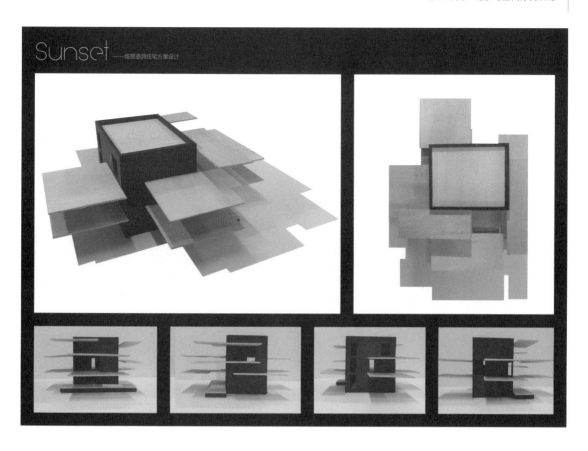

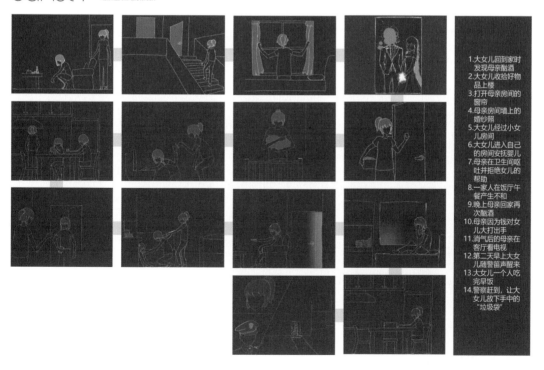

1. 大女儿回到家时发现母亲酗酒
2. 大女儿收拾好物品上楼
3. 打开母亲房间的窗帘
4. 母亲房间墙上的婚纱照
5. 大女儿经过小女儿房间
6. 大女儿进入自己的房间安抚婴儿
7. 母亲在卫生间呕吐并拒绝女儿的帮助
8. 一家人在饭厅午餐产生不和
9. 晚上母亲回家再次酗酒
10. 母亲因为钱对女儿大打出手
11. 消气后的母亲在客厅看电视
12. 第二天早上大女儿随警笛声醒来
13. 大女儿一个人吃完早饭
14. 警察赶到，让大女儿放下手中的"垃圾袋"

Sunset——场景道具住宅方案设计

1.母亲在客厅酗酒的位置
2.大女儿上楼
3.母亲卧室
4.小女儿房间文件
5.大女儿房间婴儿床
6.卫生间呕吐

7.餐厅发生争执
8.晚上大女儿房间发生争执
9.母亲在客厅看电视
10.第二天清晨警察来到这家门口

(以上均为大女儿收拾过后的场景)

第二学期

II

SEMESTER
TWO

第五单元

观念中的几何形与观念赋予训练

方形、圆、三角形是存在于人类观念中的基本原型，同时也是我们认识世界的基本形式。这类几何原型因先天存在于人的观念之中，其形式必然承载着人的精神特质。本单元的训练核心便是让练习者学会应用这类基本几何原型设计具有精神性的空间形式，这也是本单元的训练难点和重点。

5

▶ **讲授单元训练课题，课后每位同学设计两个艺术主题酒店的建筑方案的动画**

教学目标

依据观念中的几何形理论，运用方形、圆、三角形这三种几何形进行"空间的精神性主题"训练，进而让同学们初步认识、运用观念中的几何形表达精神性场所的能力。

授课内容

老师讲授观念中的几何形与观念赋予的课题内容：

1）欧几里得几何学是人建立空间秩序的基础，而这一学科的几何原型便是方形、圆、三角形。

2）这三种几何原型是先天存在于人类思维当中的。

3）人类认识世界便是通过这三种几何原型去辨识的。

4）人的意识空间形式以方形、圆形、三角形等平面形式的空间出现。

5）这种存在于人类意识当中的几何原型属于客观精神性范畴，不是对现实世界的模仿。

6）人类营造空间的形式同样以这三种原型为基础，而且不存在地域、民族之间的差异。

英国史前文明——巨石阵

埃及金字塔

古希腊巨石阵

古罗马万神庙

北京故宫

福建客家土楼

课后练习

每位同学完成 2 个艺术主题酒店的建筑方案设计动画。

设计任务

1 设计背景

随着人们文化及经济水平的提高，越来越多的人偏向于选择入住具有一定文化氛围的酒店。与此同时，酒店、书店、咖啡店、展览馆等也越来越趋向于整合的趋势。本设计旨在为奔波于市井中的人提供一处集休闲与展览艺术于一体的艺术主题酒店，在满足人们休憩的同时，更好地为人们提供艺术文化方面的服务。

2 场地概况

该艺术主题酒店拟建用地位于济南市历城区，南临山大北路，东临洪腾路，西侧为济南市邢家渡引黄灌溉管理处和山东省齐鲁画院，北侧为历城中医院。该建筑用地地形平坦，东西宽约 51 m，南北长约 65 m。

3 设计要求

设计者须利用建筑、环境、基础设施、家具等要素体现出该酒店的"空间精神性"主题，如静谧、温馨、活泼、轻松等。

3.1 设计内容

该艺术主题酒店须满足住宿、餐饮、讲座、小型绘画与雕塑艺术展览、冥思、书吧等功能需求。

3.2 主要技术指标

3.2.1 住宿

集中住宿：须满足 80 间标准客房、4 间行政套间。每层须设计 1 个布草间、1 个员工值班室、1 个设备室。同时应有必要的门厅、接待区、行李寄存区、茶歇区、首层公共卫生间等。

3.2.2 餐饮

餐饮空间需要与集中住宿综合设计，包括餐厅（约 300m²）、厨房（约 120m²）、员工更衣室、卫生间、主食与副食储藏间。

3.2.3 多功能会议室

该会议室主要用于酒店邀请的艺术讲座，面积约 200m²，同时应配备设备间（约 20m²）、储藏室（20m²）。

3.2.4 展览空间

该展览空间主要用于现代绘画、雕塑，以及装置艺术品的展览，面积约 500m²，需要设藏品停放室（约 80m²）。

3.2.5 冥思空间

主要用于旅客静思、参悟、冥思的空间，需要灵活设置，并与室外环境有一定联系，面积约 300m²。

3.2.6 茶室

主要满足旅客与观光者的茶饮、聊天需要，面积约 200m²，须设置茶台空间。

3.2.7 小型咖啡书店

主要为旅客及观光者提供阅读空间，面积约 200m²。

3.2.8 景观

酒店室内外景观应具有现代性，需要与建筑、基础设施综合考虑，以体现酒店的艺术精神主题。

3.2.9 停车

停车方式为地下停车，须设置 80 个车位，可设置 1 个地下出入口。

练习要求

1. 设计者运用方形、圆形、三角形的基本原型进行建筑空间的创作，以表达设计者对艺术主题酒店的艺术精神的追求。

2. 计算任务书中各个功能空间的面积，生成功能空间体块后，根据几何秩序法则和功能使用要求，将这些功能体块进行组合。

艺术主题酒店周边场地卫星航拍图

艺术主题酒店总平面图

▶ **讲评设计方案，课后完成建筑方案设计的主要模型和建筑图**

教学目标

通过讲评艺术主题酒店建筑方案动画，初步检验同学们对观念中的几何形的理解情况。

授课内容

1. 每位同学展示、介绍艺术主题酒店建筑方案的模型。

2. 老师依据几何形的精神性训练要求对建筑方案中的几何形的运用、空间丰富性进行讲评。

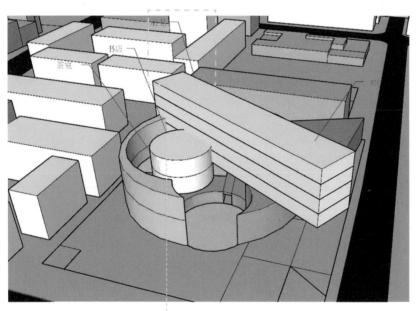

方案 A 模型 1

建筑方案 A 模型 1 讲评： 方案模型整体几何形体块组合较清晰，但局部存在体块之间咬合的关系，这使得各几何空间体块不明晰

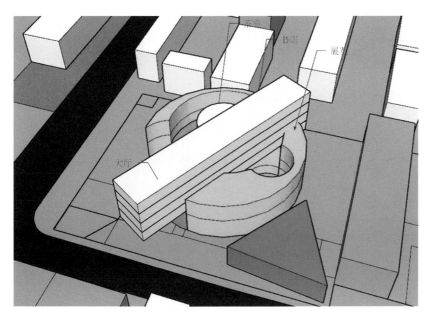

方案 A 模型 2

建筑方案 A 模型 2 讲评：这一方案模型在这一视角下来看，各体块组合关系均采用了搭接的方式，使得各体块保持了完形性

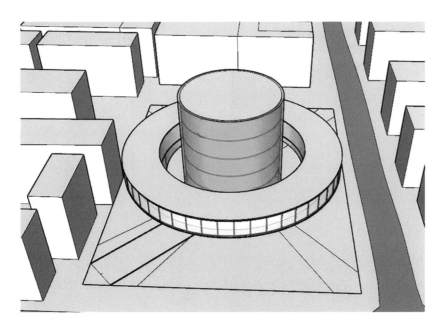

方案 B 模型

建筑方案 B 模型讲评：该方案底部圆环空间体块遮挡了内部圆柱体空间体块，使得圆柱体的体块形式缺少完形性

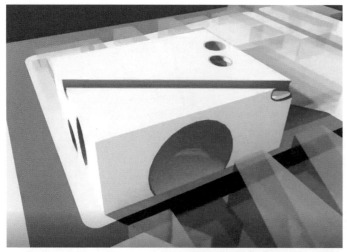

方案 C 模型 1

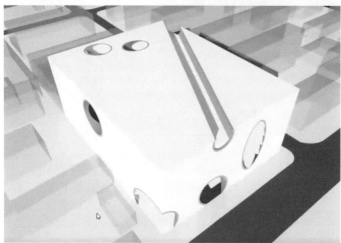

方案 C 模型 2

方案 C 模型 3

建筑方案 C 模型讲评：设计者在场地中设计一完形方体几何的形式，符合本单元的用方形、圆形、三角形表达精神性的要求，设计的出发点较为准确。但是，这一几何体的形式比例还需推敲。另外，设计在方体的角部采用了减法的设计手段，使得方体整体的完形性在一定程度上遭到了破坏，应当引起注意。最后，方案模型内部将多个圆柱体、球体空间体块交叠的组合方式塑造出较为丰富的、富有精神性的空间形式

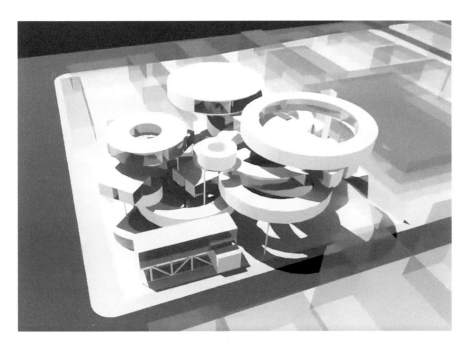

方案 D 模型 1

方案 D 模型 2

建筑方案 D 模型讲评：设计者运用圆环体块空间组合的方式创造出一组建筑空间，就训练要求而言没有太大问题，但是这组空间无论外部空间形式还是内部空间形式的精神氛围都更偏向于娱乐性、商业性，离设计任务要求的"冥思、静谧"等精神性要求稍有差距，需要进一步修改

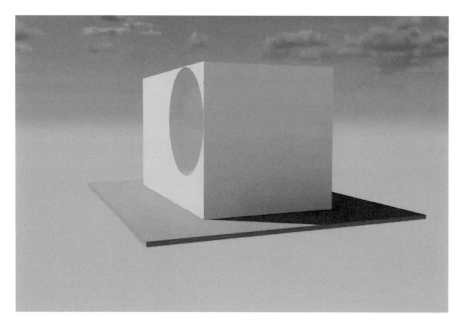

方案 E 模型 1

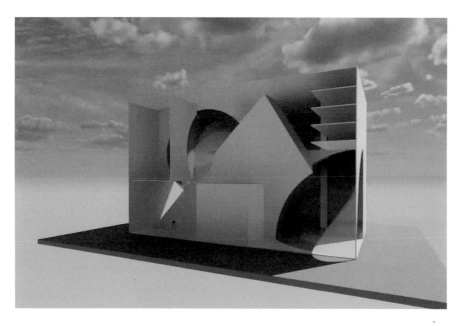

方案 E 模型 2

建筑方案 E 模型讲评： 该方案同样采用了方体几何的纯净几何体的形式，而内部运用方形、圆形、三角形创造出了丰富且有精神性的空间，值得肯定，但建筑立面开窗问题需要深化

课后练习

每位同学完成 3 个艺术主题酒店的初步方案动画和主要建筑平面图、剖透视图。每个建筑动画时长在 3 分钟以内，能够展示出建筑内外空间的丰富性和完整性。

第 2 周

2-1

▶ **讲评初步建筑设计方案，课后深化、修改建筑方案**

教学目标

通过对每位同学的 3 个艺术主题酒店动画进行讲评，选出 2 个建筑方案进行深化、表达，通过练习、讲评，逐步提高同学们对几何形精神性的理解。

授课内容

每位同学展示艺术主题酒店建筑方案动画，老师依据几何形的精神性训练要求，以及空间序列、空间丰富性等要求对其进行讲评。此外，建筑外部形态尽量简洁。

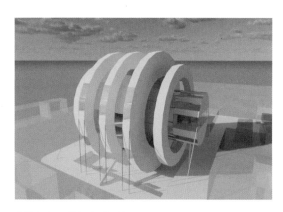

建筑方案 A 外部动画场景

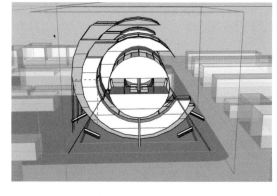

建筑方案 A 概念探索模型 1

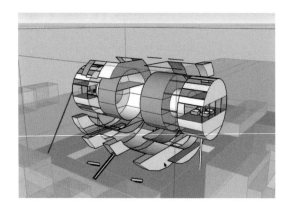

建筑方案 A 概念探索模型 2

建筑方案 A 讲评：在"建筑方案 A 外部动画场景"中，原有建筑外部整体形态偏重于雕塑化，"建筑方案 A 概念探索模型 1"中呈现出的该方案的探索模型相较于前者，在形态上，更好地运用了完形心理学的手段，虽然模型外部的圆环状空间形态被打破了，但是内部空间层次被呈现出来，空间层次更加丰富

138

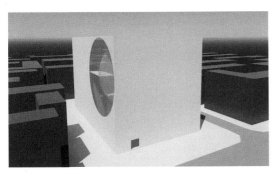

建筑方案 B 外部动画场景

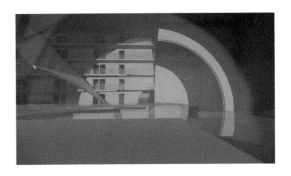

建筑方案 B 室内动画场景

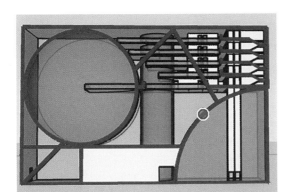

建筑方案 B 剖面图模型 1

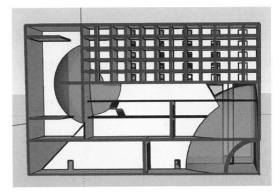

建筑方案 B 剖面图模型 2

建筑方案 B 讲评： 方案 B 无论从建筑整体形态还是从室内场景效果、平面模型、剖面模型看，都较好地运用了方形、圆形、三角形的基本形，创造出了具有感染力的空间氛围

建筑方案 B 二层空间模型

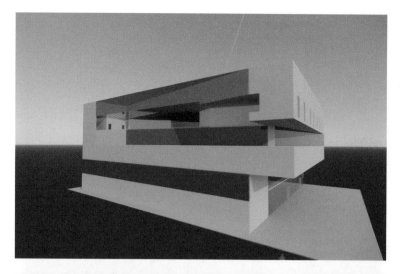

建筑方案 C 外部动画场景 1

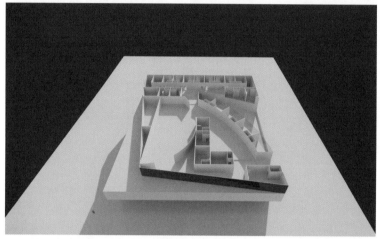

建筑方案 C 三层空间模型

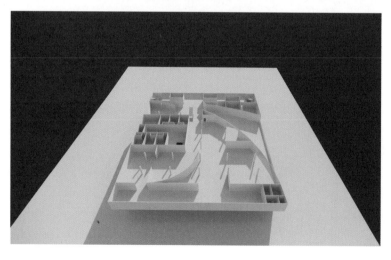

建筑方案 C 二层空间模型

建筑方案 C 讲评： 建筑方案 C 虽然在整体建筑形态和平面空间中运用了方形、圆形、三角形组合的空间形式，但是在竖向空间层面缺少这方面的设计，这是接下来需要改进和完善的方向

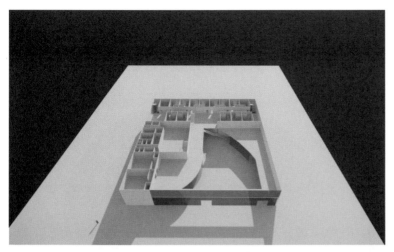

建筑方案 C 外部动画场景 2

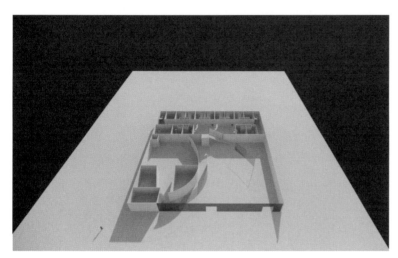

建筑方案 C 外部动画场景 3

课后练习

1.课后，同学们根据课上的方案讲评，继续深化、完善艺术主题酒店的建筑方案。

2.对于还没有达到几何形的精神性要求的同学，继续探索新的建筑方案。

讲评方案设计动画和主要方案图，课后修改、完善方案动画及建筑图

教学目标

进一步检验同学们对几何形的精神性的理解和空间运用情况，推进建筑方案的深化、完善进度。

授课内容

每位同学展示艺术主题酒店建筑方案的动画、建筑图，老师针对建筑形态、空间丰富性、建筑规范性等问题进行讲评。

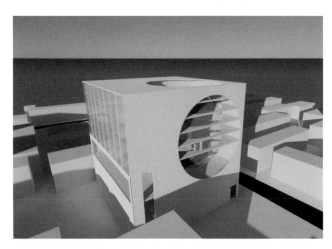

> **建筑方案 A 讲评：** 建筑方案 A 整体效果较好，但模型的内部球形空间被各层楼板遮挡，破坏了这一空间的完形性

建筑方案 A 模型动画外部场景

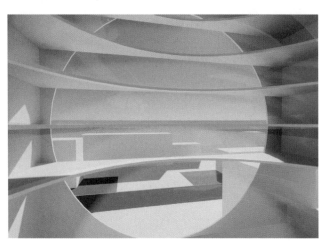

建筑方案 A 模型动画内部场景

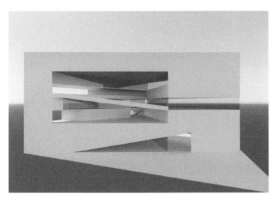
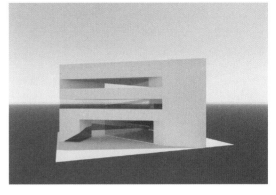

建筑方案 B 模型动画外部场景 1　　　　　　　　　　建筑方案 B 模型动画外部场景 2

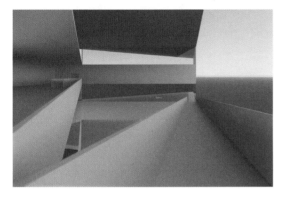
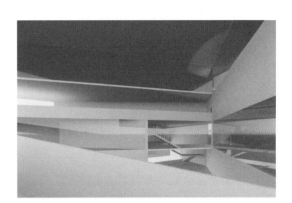

建筑方案 B 模型动画室内场景 1　　　　　　　　　　建筑方案 B 模型动画室内场景 2

建筑方案 B 讲评：设计者运用了平面为三角形的几何体作为建筑空间的形态，符合本单元的训练要求，且在建筑立面处理中运用了方形、三角形，取得了简洁、静谧的效果，室内空间同样以三角形几何形式为主，获得了丰富的空间形式

建筑方案 C 模型动画外部场景　　　　　　　　　　　建筑方案 C 模型动画庭院场景

建筑方案 C 讲评：这一方案运用了平面为圆形的空间形式作为建筑空间形态，主要存在两方面问题：一是底层空间过于单一，缺少虚实变化；二是庭院空间形式缺少丰富性

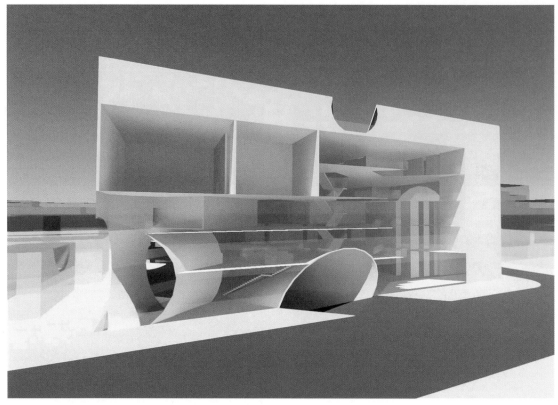

建筑方案 D 模型动画室外场景 1

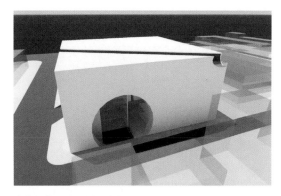

建筑方案 D 模型动画室外场景 2

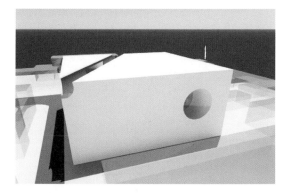

建筑方案 D 模型动画室外场景 3

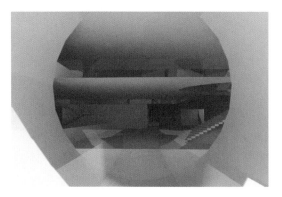

建筑方案 D 模型动画室内场景 1

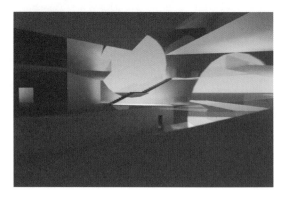

建筑方案 D 模型动画室内场景 2

建筑方案 D 讲评： 该方案运用简洁的方形空间体块创造出丰富的室内外空间形式。但在"建筑方案 C 模型动画庭院场景"中，建筑立面的圆形在底部被切削，应当利用下沉空间将其补全，在"建筑方案 D 模型动画室外场景 3"中，建筑立面上的圆洞大小应当继续推敲，目前略显装饰化

课后练习

1. 继续深化 2 ~ 3 个方案，一定要注意各个方案间的差异性和独创性。

2. 深化布置功能空间。

3. 下节课讲评同学们的动画（动画须展示建筑内外空间形态，反映内部空间的剖透视效果）。

▶ 讲评方案动画，课后继续修改、完善建筑方案动画及建筑图

教学目标

通过建筑方案讲评，进一步优化建筑方案的表达深度与规范性。

授课内容

每位同学继续展示"艺术主题酒店"建筑方案的动画，老师针对建筑形态、空间丰富性、功能布置、建筑规范性等问题进行讲评。

建筑方案 A 模型动画室外场景

建筑方案 A 模型动画室内场景 1

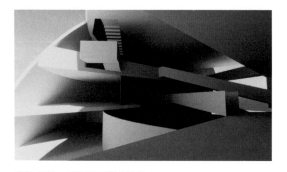

建筑方案 A 模型动画室内场景 2

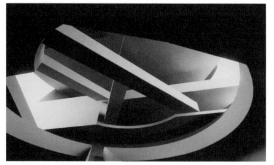

建筑方案 A 模型动画室内场景 3

建筑方案 A 讲评： 该方案运用纯净球体作为建筑空间的外部形式，具有超现实的构成主义效果，且内部空间形式丰富，创造出了生动的光影效果

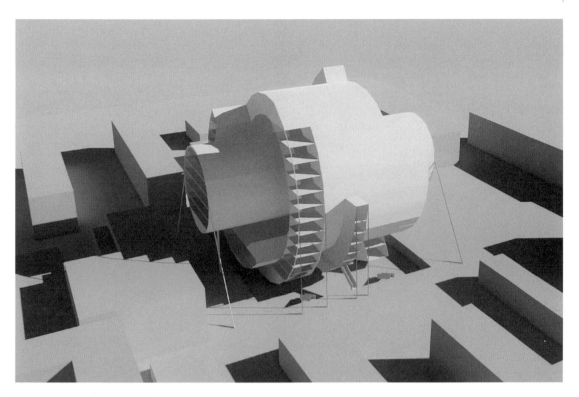

建筑方案 B 模型动画室外场景 1

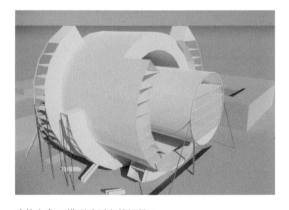

建筑方案 B 模型动画室外场景 2

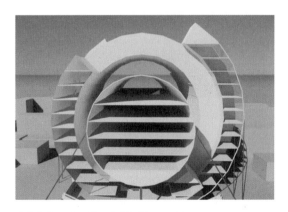

建筑方案 B 模型动画室外场景 3

建筑方案 B 模型动画室内场景

建筑方案 B 讲评：设计者在该场地中创造了具有未来主义风格的建筑形式，整体统一的圆形几何母体，贯穿该建筑的室内外空间

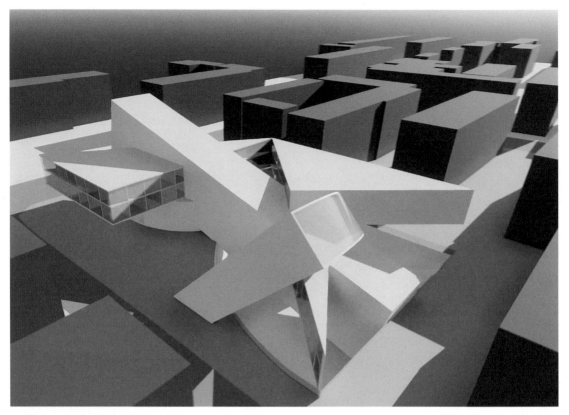

建筑方案 C 模型动画室外场景 1

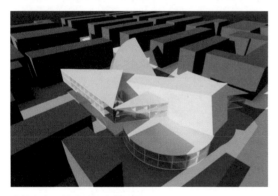

建筑方案 C 模型动画室外场景 2

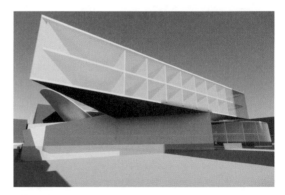

建筑方案 C 模型动画室外场景 3

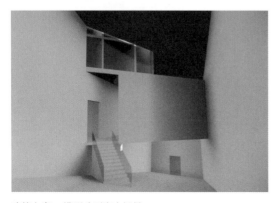

建筑方案 C 模型动画室内场景 1

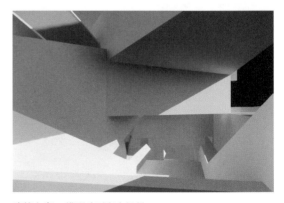

建筑方案 C 模型动画室内场景 2

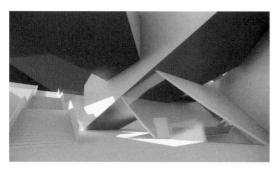

建筑方案C模型动画室内场景3

建筑方案C讲评：该方案的不同之处在于，设计者将方形、圆形、三角形的几何空间形式要素组合在一起，构成了一组丰富的建筑空间

课后练习

课后，每位同学完成2个艺术主题酒店建筑方案的平面图和剖面图。

练习要求

1. 每张建筑平面图都在一张 A2 图纸上绘制、排版。

2. 每张建筑剖面图都在一张 A2 图纸上绘制、排版。

3. 平面图和剖面图要求是线描图。

▶ **课上讲评建筑平面图和剖面图，课后修改、完善建筑图，并排版**

教学目标

1.通过对建筑平面图和剖面图的绘制，逐步完善建筑空间的细节设计。

2.通过老师对建筑图的讲评，提出建筑图表达的问题，加强建筑图表达的深度。

授课内容

每位同学展示2个建筑方案的平面图和剖面图，老师对其进行讲评，主要问题包括功能布置、建筑表达的规范性等。

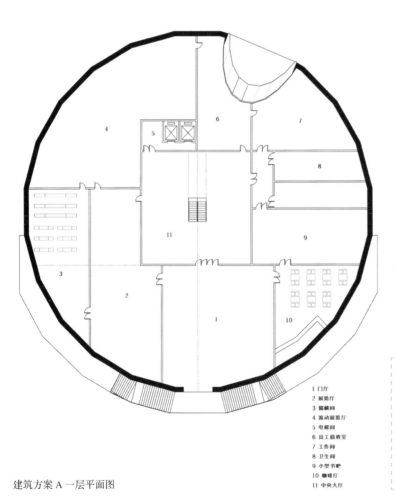

1 门厅
2 展览厅
3 储藏间
4 流动展览厅
5 电梯间
6 员工值班室
7 工作间
8 卫生间
9 小型书吧
10 咖啡厅
11 中央大厅

建筑方案 A 一层平面图

建筑方案 A 讲评： 该平面图中，各功能空间划分过于封闭，功能流线组织不够流畅，须根据《建筑设计资料集（第三版）》中相关建筑类型的功能组织进行优化

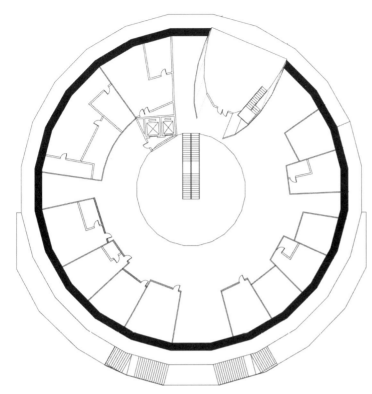

建筑方案 A 二层平面图

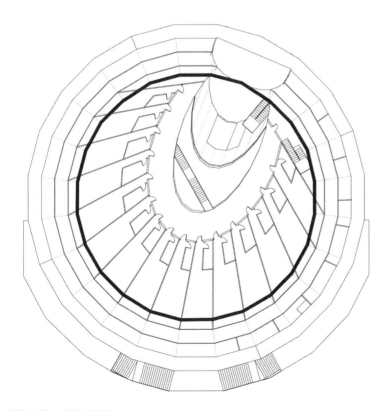

建筑方案 A 客房平面图

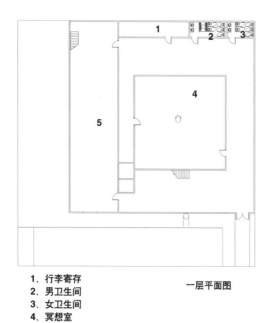

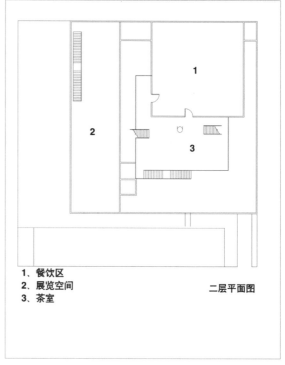

1、行李寄存
2、男卫生间
3、女卫生间
4、冥想室
5、展览空间

一层平面图

1、餐饮区
2、展览空间
3、茶室

二层平面图

建筑方案 B 一、二层平面图

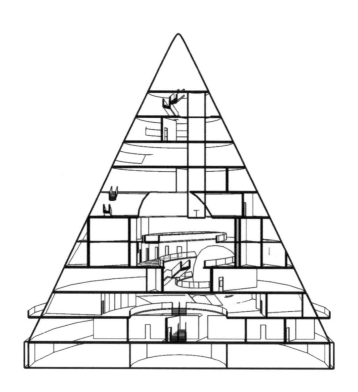

建筑方案 B 三、四层平面图

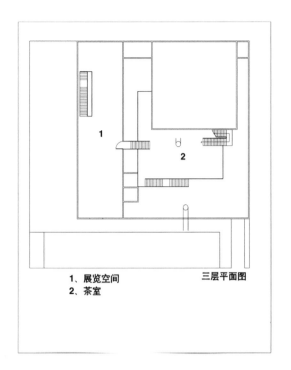

1、展览空间　　　　　　　三层平面图
2、茶室

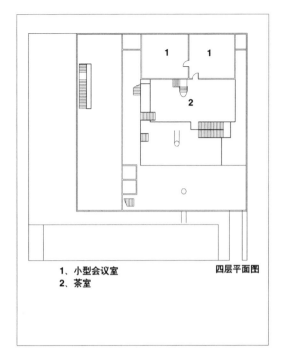

1、小型会议室　　　　　　四层平面图
2、茶室

建筑方案 B 三、四层平面图

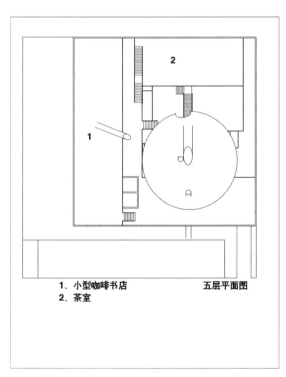

1、小型咖啡书店　　　　　五层平面图
2、茶室

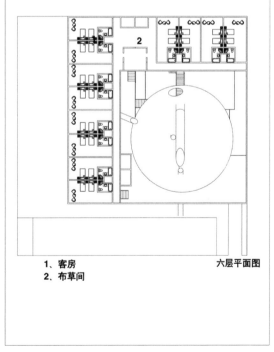

1、客房　　　　　　　　　六层平面图
2、布草间

建筑方案 B 五、六层平面图

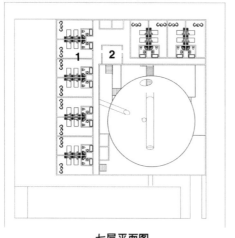

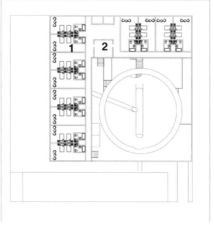

1、客房
2、布草间

七层平面图   八层平面图

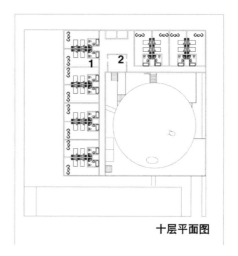

九层平面图   十层平面图

建筑方案 B 七到十层平面图

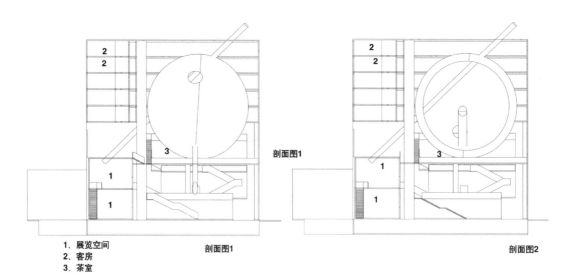

剖面图1

1、展览空间
2、客房
3、茶室

剖面图1   剖面图2

建筑方案 B 剖面图 1、剖面图 2

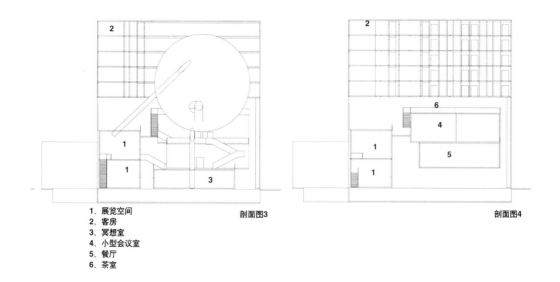

1、展览空间
2、客房
3、冥想室
4、小型会议室
5、餐厅
6、茶室

剖面图3   剖面图4

建筑方案 B 剖面图 3、剖面图 4

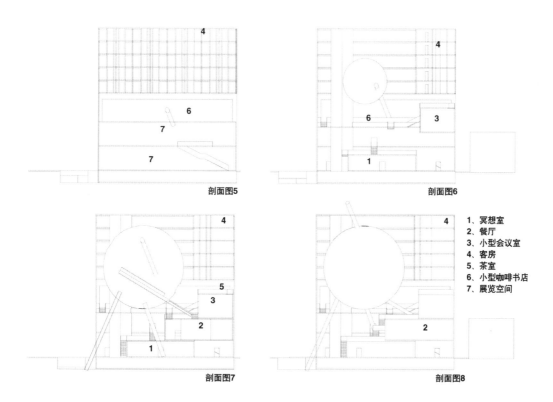

剖面图5   剖面图6

1、冥想室
2、餐厅
3、小型会议室
4、客房
5、茶室
6、小型咖啡书店
7、展览空间

剖面图7   剖面图8

建筑方案 B 剖面图 5 ~ 剖面图 8

课后练习

课后，每位同学修改、完善 2 个建筑方案图的表达，并排版。

▶ **讲评方案图的绘制与排版，课后修改、完善建筑图的表达**

1.每位同学通过对2个建筑方案图的表达，进一步提高建筑方案的完成度。

2.通过老师对建筑图纸的讲评，指出图纸表达中的问题，帮助同学进一步完善建筑图的表达深度。

每位同学展示2个建筑方案设计图的排版，老师逐一对其进行讲评。

艺术主题酒店

建筑方案A设计图纸

建筑方案A图纸讲评： 建筑外部突出了两个方体几何空间体块，采用了以实体空间为主的形式，这与主体为圆锥体的空间体块在形式上较为冲突，建议将两个空间体块改为透明材质，以突出主体，减小形式上的冲突

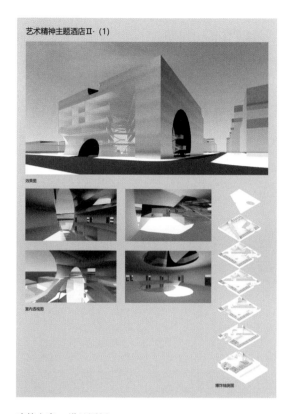

建筑方案 B 设计图纸 1

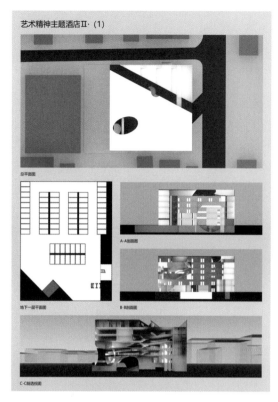

建筑方案 B 设计图纸 2

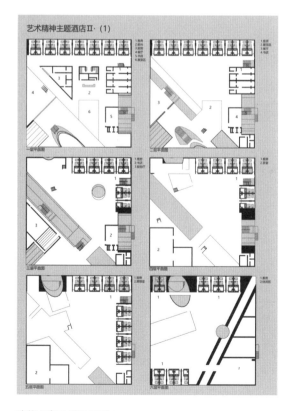

建筑方案 B 设计图纸 3

建筑方案 B 图纸讲评："建筑方案 B 设计图纸 1"
呈现了丰富的空间效果，但是图面比例太小，其空
间丰富性表现不充分，建议放大展示

"建筑方案 B 设计图纸 2"中图纸右下角的分层轴
测图，虽然绘制较为详细，但由于图面比例太小，
内部空间细节展示不充分，建议单独放一张图纸表
现

在"建筑方案 B 设计图纸 3"的图纸中，客房平面
中的家具布置不满足客房使用要求，应严格按照《建
筑设计资料集（第三版）》中的酒店设计要求布置

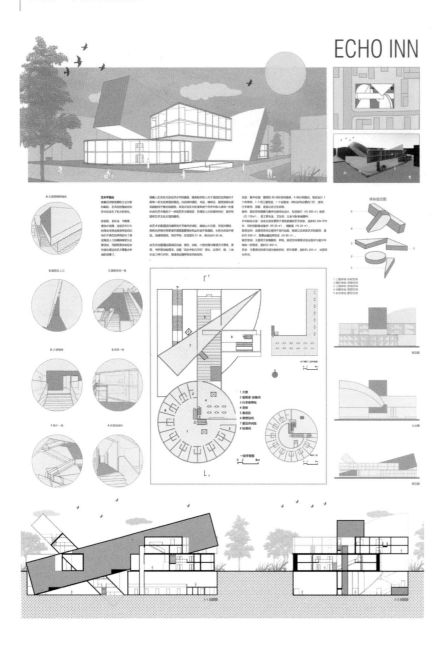

建筑方案 C 设计图纸

课后练习

根据课上老师的讲评，每位同学修改、完善建筑图纸的表达。

讲评最终方案设计图纸，并进行单元总结

教学目标

检验同学们在本单元中的最终建筑方案图的成果，对图纸排版中的问题提出最后的修改建议。

授课内容

1. 每位同学展示 2 个建筑方案设计图的排版，老师逐一对其进行讲评。

2. 老师总结本单元的训练目标、内容、核心，通过讲评，提升同学们对观念中的几何形的理解。

> **建筑方案 A 图纸 1 讲评**：室内空间形式丰富，光影生动，但空间尺度不清晰，需要借助楼梯、室内家具等设施的尺度强调室内空间的尺度

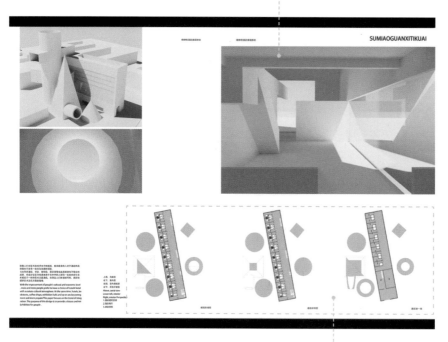

建筑方案 A 设计图纸 1

> **建筑方案 A 图纸 1 讲评**：未对平面图中的正方形、圆、三角形平面空间进行功能读解和布置。此外，平面图中客房家具、卫生设施布置不完整

建筑方案 A 图纸 2 讲评： 这些空间体块由于缺少室内功能布置，其外立面缺少相应的建筑尺度，这使得这组空间体块处于雕塑性的状态，需要继续深化内部功能空间，并对空间体块外立面进行优化设计

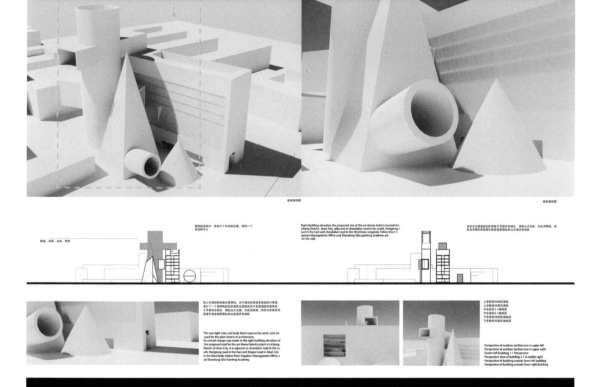

建筑方案 A 设计图纸 2

建筑方案 A 图纸 2 讲评： 图纸中部的建筑剖面图比例太小，导致内部空间无法呈现，因此这两个剖面图仅为图形，不具备空间表达的功能，建议将剖面图比例放大，并加大剖面图的绘制深度

课后练习

1. 课后，进行最终图纸表达。

2. 完善建筑动画。

3. 提交最终建筑方案设计的图纸、动画。

▶ **最终图纸呈现**

设计：刘昱廷

ART THEMED HOTEL

Hotels, bookstores, coffee shops, exhibition halls and so on tend to be integrated. The purpose of this design is to provide an art themed hotel integrating leisure and Art Exhibition for people who are running in the city. It can meet the needs of people's leisure and provide better services in art and culture.

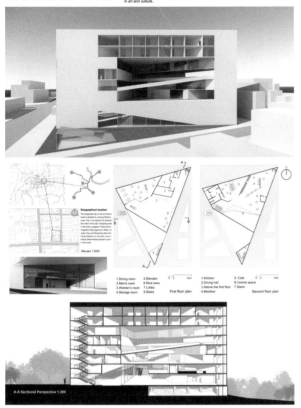

Geographical location
The proposed site of the art theme hotel is located in Lixia District, Jinan City...

Site-plan 1:3000

1.Dining room 5.Elevator
2.Men's room 6.Rest area
3.Women's room 7.Lobby
4.Storage room 8.Stairs
First floor plan

1.Kitchen 5.Cafe
2.Dining hall 6.Central space
3.Above the first floor 7.Stairs
4.Bookbar
Second floor plan

A-A Sectional Perspective 1:200

A-A Profile Plan 1:250

B-B Profile Plan 1:250

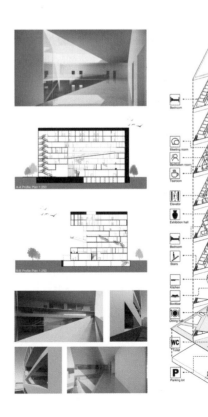

Bedroom
Meeting room
Meditation room
Tearoom
Elevator
Exhibition hall
Bedroom
Stairs
Kitchen
Bookbar
Dining hall
WC Toilet
P Parking lot

设计：初馨蓓

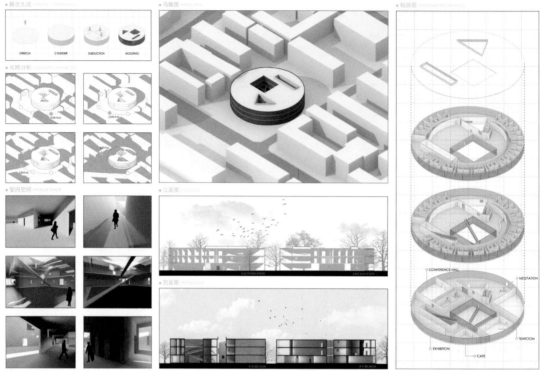

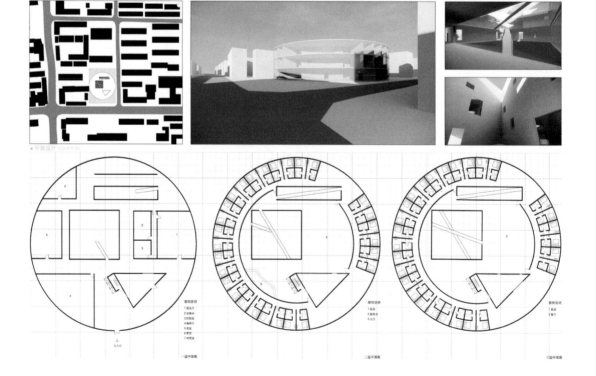

设计：初馨蓓

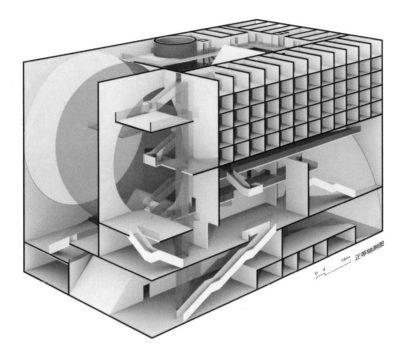

正等轴测图

WEDE HOTEL

1-1剖透视图

WEDE HOTEL

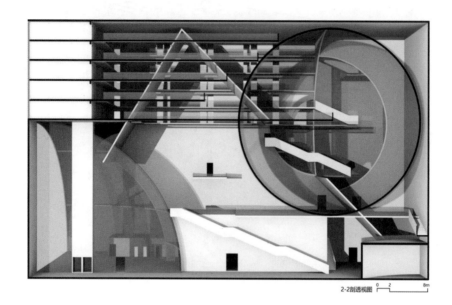

2-2剖透视图

WEDE HOTEL

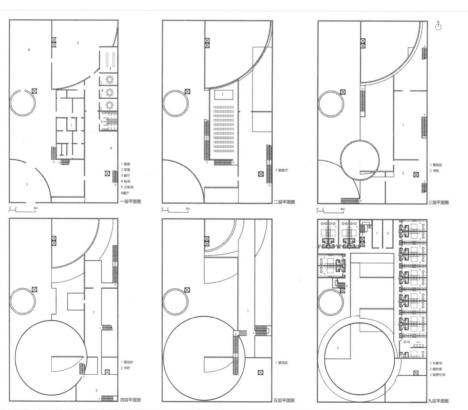

WEDE HOTEL

设计：徐维真

艺术主题酒店建筑方案设计

总平面图

比立面

设计说明

1. 设计依据
接触人口文化与经济水平的连接。依本地外的人对于自由的选择倾向于离开一座文化底蕴的建造、与此周的选择。特连、格升选。城而班等包越系国面向于餐厅的感受，不做介绍年为的使并建于主体中的大楼体一座集体的与艺术成在于一体的艺术主题酒店。依满足人对特别的时舒、更好地缓解置于方代与观观的缘泽。

2. 场地概况
本艺术主题酒店位于济南市的市区、海拔山大之南、东面河两段。西面为市南市的游览与高速公路接段与山形城市整的流街、此地方的城中区段、速度风路也、地形平均、车西航的51米、南北航约65米。

3. 建筑基本属性
建筑层数：9 建筑面积：7150平方米

4. 设计概念
建筑形态为球形。为此是一种具内的时效。往形程建筑中切内切困制了也生之间的关系。建筑内部因中了一个相对宽阔、致阔的各升的外环境。可以让建楼的游客得更好的使体验。建筑内部环境的风格为追寻精致了接到可能、张新不心为去贯流泊观满足需求。

寰宇

艺术主题酒店建筑方案设计——寰宇

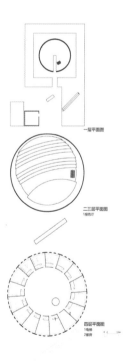

一层平面图

二三层平面图
1做作厅

四层平面图
1地体
2餐厅

艺术主题酒店建筑方案设计——寰宇

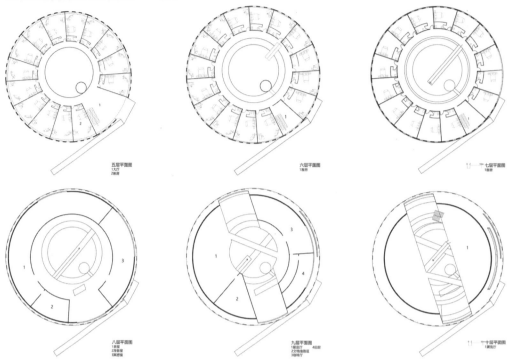

五层平面图
1 大厅
2 客房

六层平面图
1 套房

七层平面图
1 套房

八层平面图
1 泳室
2 按摩室
3 更衣室

九层平面图
1 展览厅   4 组团
2 文物陈设区
3 咖啡厅

十层平面图
1 展览方

艺术主题酒店建筑方案设计——寰宇

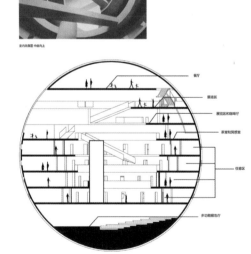

室内效果图 中庭向上

剖面图 A-A

设计：于爽

动-力

艺术主题酒店

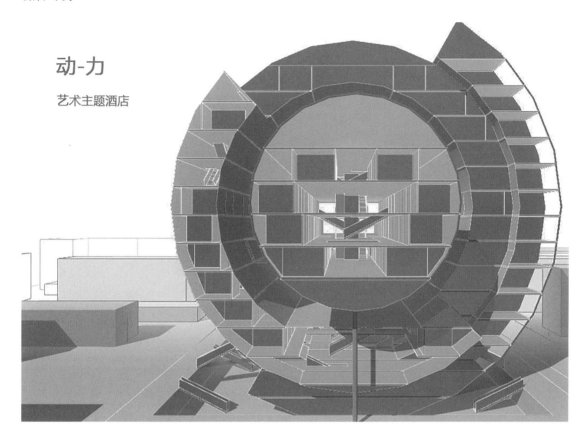

总平面图

0　10　　50m

设计背景：

随着人们文化与及经济水平的提高，越来越多的人对于酒店的选择偏向于具有一定文化底蕴的酒店。与此同时酒店、书店、咖啡店、展览馆等也越来越趋向于整合的趋势。本设计旨在为快速奔波于市中的人提供一处集休闲与艺术展览于一体的艺术主题酒店。在满足人们休息的同时，更好地提供艺术文化方面的服务。

With the improvement of people's cultural and eco-nomic level, more and more people prefer to have a choice of hotel.A hotel with a certain cultural atm-osphere. At the same time, hotels, bookstores, cof-fee shops, exhibition halls and so on are becomin-g more and more popular.This paper focuses on the trend of integration. The purpose of this desig-n is to provide a leisure and Art Exhibition for peo-ple who rush to the city.The art theme hotel in on-e, while meeting people's rest, better provides the service of art and culture Business.

设计要求：

设计者需利用建筑、环境、基础设施、家具等要素体现出该酒店的"空间精神性"主题，例如静谧、温馨、活泼、轻松等。

Designers need to use architecture, environment, i-nfrastructure, furniture and other elements to refl-ect the "space essence" of the hotel."Divinity" the-me, such as quiet, warm, lively, relaxed and so on.

设计内容：

该艺术主题酒店需满足住宿、餐饮、讲座、小型绘画与雕塑艺术展览、冥想、书吧等功能需求。

This art themed hotel needs accommodation, cate-ring, lectures, small painting and sculpture art ex-hibitions, meditation.Book bar and other function-al requirements.

剖面效果图

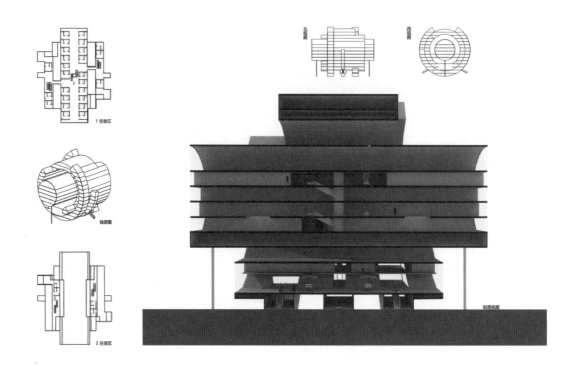

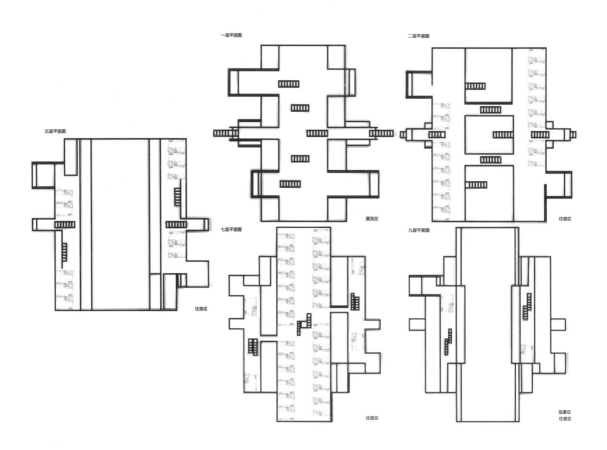

第六单元

从功能到
形式体块关系的训练

6

上一单元以建筑形式与空间艺术性为主题进行了训练，本单元的主题将训练核心转为纯功能空间的组合训练，即对"房子"设计能力的提升。练习者在本单元中完全按照功能流线和空间的使用要求进行设计，但是空间形式的组合还应符合宇宙法则下的几何秩序，这是本单元的训练重点和难点。

▶ ## 讲授训练课题并布置设计任务，课后依据功能流线图进行建筑方案的初步设计

教学目标

1.训练同学们依据功能分析图，运用宇宙法则进行功能空间体块组合的能力。

2.训练同学们掌握运用纯功能空间创造符合形式美的建筑形态的能力。

授课内容

1.老师讲授"从功能到形式体块关系"的课题内容。

房屋快速设计6步法：

1）功能和流线的获得。

这一步骤的主要工作是查阅相关建筑设计资料集和设计案例，并对案例进行描绘，以熟悉各功能空间及流线组织的要求。

2）将拟设计的建筑进行面积划分。

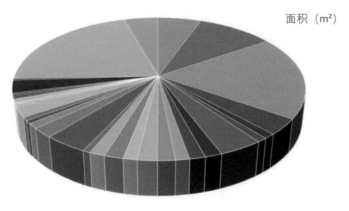

面积（m²）

■ 总服务咨询台	■ 信息查询检索区	■ 读者休息区	■ 存包区	■ 阅览区
■ 开架书库	■ 闭架书库	■ 视障阅览室	■ 读者服务	■ 阅览区
■ 藏书区	■ 活动区	■ 湖北作家文献中心展示厅	■ 古籍展示厅	■ 特藏厅
■ 地方资料室	■ 多媒体阅览室	■ 电子阅览室	■ 计算机中心	■ 读者自修区
■ 学术报告厅	■ 陈列区	■ 贵宾室	■ 会议室	■ 教室
■ 采编室	■ 研究室	■ 信息处理室	■ 美工室	■ 咨询室
■ 辅导室	■ 装裱修整室	■ 微缩照相室	■ 化学消毒室	■ 办公室
■ 会议室	■ 前厅、休息厅、卫生间	■ 阳台（室外阅览）		

对建筑功能空间进行的计算分析图表1

面积

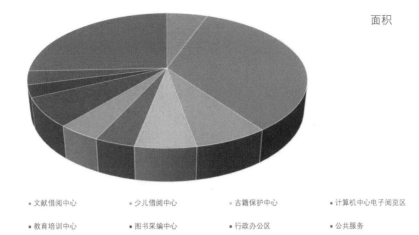

<table>
<tr><td>■ 总服务大厅</td><td>■ 文献借阅中心</td><td>■ 少儿借阅中心</td><td>■ 古籍保护中心</td><td>■ 计算机中心电子阅览区</td></tr>
<tr><td>■ 读者自修区</td><td>■ 教育培训中心</td><td>■ 图书采编中心</td><td>■ 行政办公区</td><td>■ 公共服务</td></tr>
</table>

对建筑功能空间进行的计算分析图表2

3）参照1）的流线和楼、电梯的布置位置、距离进行新的体块组合。

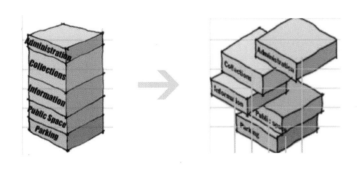

对功能空间体块进行重组（以西雅图中央图书馆为例）

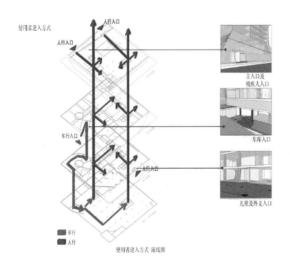

根据功能流线和楼、电梯的布置位置、距离进行功能空间调整（以西雅图中央图书馆为例）

4）进行体块组合时，尽可能关照场地和周围建筑之间的关系。

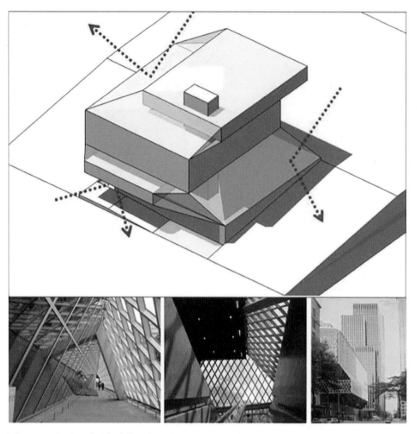

根据场地和周边环境进行建筑形态调整（以西雅图中央图书馆为例）

5）运用宇宙法则和空间体块辩证组合法进行检验和规制。

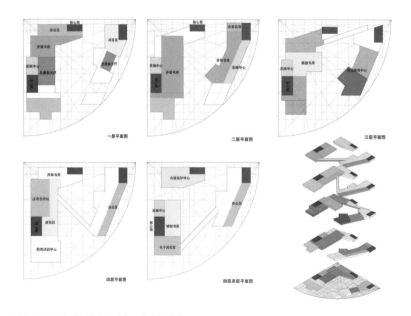

按照宇宙法则进行空间比例、形式的优化

6）首选杆件组合法以增加单调体块的"表情"，不得已时，利用表皮材料"涂脂抹粉"。

2.布置图书馆建筑方案设计任务。

设计任务

1 设计背景

该项目拟在山东省济南市设计一座集阅读、研究、文化体验、休闲于一体的社区图书馆。

2 场地概况

拟建社区图书馆用地位于济南市历下区，南侧与东侧紧邻龙鼎水库泄洪渠，北邻海尔绿城清风河畔居住小区，西邻龙鼎大道。拟建用地范围为扇形，用地范围北边长约158m，西边长约155m，占地面积约20 371㎡（见"附图1"）。

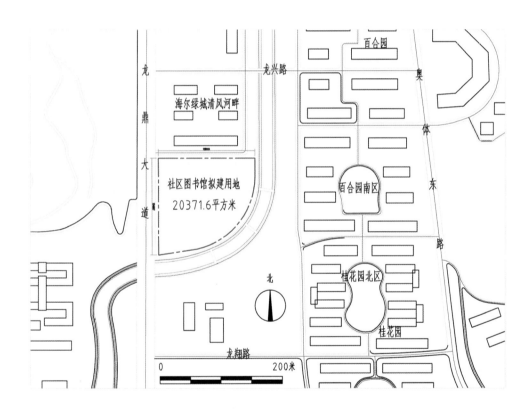

附图1

3 设计要求

设计者须利用宇宙法则将建筑内部的功能空间按照功能序列和空间序列进行合理布置。

3.1 设计内容

图书馆设计为 4 层，建筑高度约为 24m。其中闭架书库面积约 2400m²。图书馆库存书约有 70 万册，以开架阅览为主，开架书库共藏书 28 万册。同时还设有 1500m² 的儿童阅览区、多媒体阅览室等。

3.2 主要技术指标

名称	功能	房间	面积（m²）	间数	区域面积（m²）	备注
社区图书馆建筑面积：28000m²，藏书150万册，大型）	总服务大厅	总服务咨询台	1200	1	1200	
		信息查询检索区		1		
		读者休息区		1		
		存包区		1		
	文献借阅中心	阅览区	2100	/	7280	900座，1.8~2.3m²/座
		开架书库	4000	/		80万册，250册/m²
		辅助书库	750	2		40万册，280~350册/m²（积层书架）
		视障阅览室	230	1		4m²/座
		读者服务	200	/		
	少儿借阅中心	阅览区	870	1	1515	450座，1.8~2.3m²/座
		藏书区	335	1		10万册（积层书架）
		活动区	310	1		
	古籍保护中心、特藏部	山东作家文献中心展示厅	277	1	1280	20万册
		古籍展示厅	350	1		
		特藏室	376			
		地方资料室	277	1		
	计算机中心电子阅览区	多媒体阅览室	380	1	830	
		电子阅览室	300	1		
		计算机中心	150	1		满足"全国文化信息资源共享工程"
	读者自修区	读者自修区	878	1	878	450座
	讲堂、教育培训中心	学术报告厅	450	1	1465	300人
		陈列区	245	1		
		贵宾室	130	1		
		会议室	160	1		
		教室	480	6		
	图书采编中心	采编室	75	1	625	
		研究室	75			
		信息处理室	75	1		
		美工室	75	1		
		咨询室	50	1		
		辅导室	50	1		
		装裱修整室	75	1		
		微缩照相室	75	1		
		化学消毒室	75	1		
	行政办公区	办公室	620	N	695	《党政机关办公用房建设标准》
		会议室	75	1		
	公共服务	前厅、休息厅、卫生间	4500	N	5440	
		阳台（室外阅览）	940	1		

附图 2

课后练习

1. 描一座已建成图书馆的建筑方案图（平面图、剖面图），并在各房间抽象出单线色块的平面形式，导入 SketchUp 软件，梳理出这座图书馆的建筑功能分区图（每类功能用各自的颜色，每个房间须标注名称）和流线组织图，在 A2 图纸上排版。

2. 将设计任务书上的表格转为功能面积色块，可以采用思维导图或图表的方式，在 A2 图纸上排版。

3. 根据上述 1、2 的图书馆功能流线和功能面积色块，在建筑场地中重新组合出社区图书馆的 2 个功能体块方案，两个方案用动画展示，每个动画不超过 2 分钟。

▶ # 讲评功能区块分析图和初步建筑方案设计，课后绘制建筑平面图、剖面图，完善建筑模型动画

教学目标

1. 通过描绘图书馆建筑方案图，让同学们对图书馆建筑的功能组织有直观详细的认知。

2. 通过讲评图书馆建筑方案的模型动画，检验同学们依照功能流线在几何秩序法则下组织功能空间的能力。

授课内容

1. 讲评同学们将任务书中的各功能面积指标转化而成的思维导图或图表。

2. 讲评建筑模型动画。

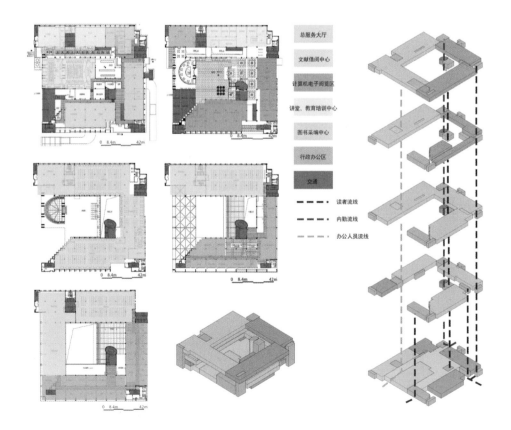

总服务大厅

文献借阅中心

计算机电子阅览区

讲堂、教育培训中心

图书采编中心

行政办公区

交通

- - - - 读者流线

- - - - 内勤流线

- - - - 办公人员流线

案例描绘，并对其功能布置及流线进行分析

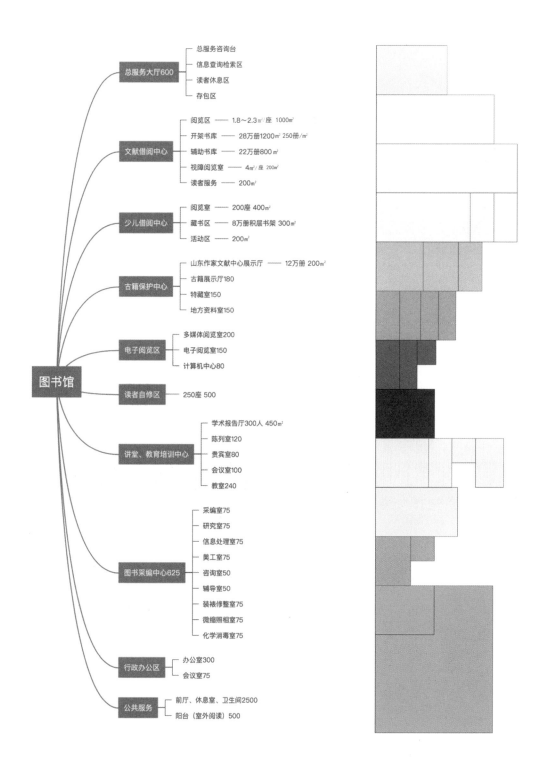

总服务大厅600
- 总服务咨询台
- 信息查询检索区
- 读者休息区
- 存包区

文献借阅中心
- 阅览区 —— 1.8～2.3㎡/座 1000㎡
- 开架书库 —— 28万册1200㎡ 250册/㎡
- 辅助书库 —— 22万册800㎡
- 视障阅览室 —— 4㎡/座 200㎡
- 读者服务 —— 200㎡

少儿借阅中心
- 阅览室 —— 200座 400㎡
- 藏书区 —— 8万册积层书架 300㎡
- 活动区 —— 200㎡

古籍保护中心
- 山东作家文献中心展示厅 —— 12万册 200㎡
- 古籍展示厅180
- 特藏室150
- 地方资料室150

电子阅览区
- 多媒体阅览室200
- 电子阅览室150
- 计算机中心80

读者自修区 —— 250座 500

讲堂、教育培训中心
- 学术报告厅300人 450㎡
- 陈列室120
- 贵宾室80
- 会议室100
- 教室240

图书采编中心625
- 采编室75
- 研究室75
- 信息处理室75
- 美工室75
- 咨询室50
- 辅导室50
- 装裱修整室75
- 微缩照相室75
- 化学消毒室75

行政办公区
- 办公室300
- 会议室75

公共服务
- 前厅、休息室、卫生间2500
- 阳台（室外阅读）500

图书馆

根据设计任务书进行功能空间面积计算与排列组合

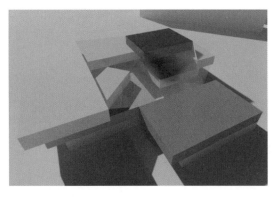

建筑方案 A 建筑空间外部形态 1

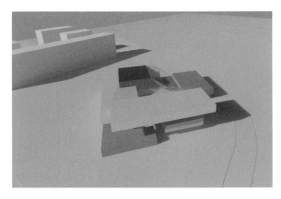

建筑方案 A 建筑空间外部形态 2

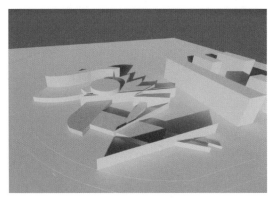

方案 B 建筑空间外部形态 1

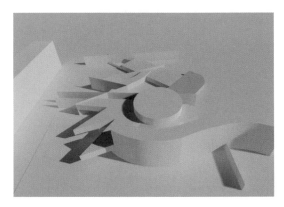

方案 B 建筑空间外部形态 2

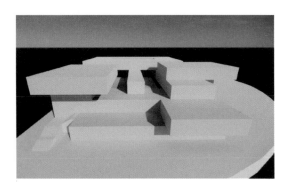

方案 C 建筑空间外部形态 1

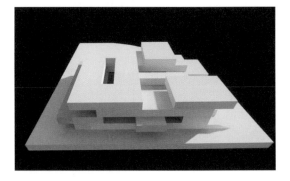

方案 C 建筑空间外部形态 2

建筑方案讲评：方案 A 和 B 利用任务书中的功能空间体块，根据宇宙法则的几何秩序和图书馆功能组织出了符合功能要求的设计方案；方案 C 虽然空间形态更加艺术化，但不满足单元功能与空间组织的训练要求

课后练习

　　每位同学完成两个图书馆建筑方案设计的平面布置图（墙线用单线绘制即可）、剖面图，并修改、深化建筑模型动画。

第 6 周

6-1

▶ **讲评建筑平面图、剖面图以及建筑动画，课后选取一个方案进行图纸表达和动画演示**

教学目标

1. 同学们通过绘制图书馆建筑方案设计的平面图、剖面图，进一步在几何秩序法则下深化、提高利用功能流线组织功能空间的能力。

2. 通过讲评图书馆建筑方案设计的平面图、剖面图、模型动画，指出功能空间的相关流线问题、几何秩序下的形式问题，以及建筑规范性问题等，为同学们的优化方案设计提出修改建议。

授课内容

依据图书馆建筑的功能流线图和几何秩序法则讲评图书馆建筑方案设计的平面图、剖面图、模型动画。

建筑方案 A 动画室外场景

一层平面图

二层平面图

三层平面图

四层平面图

屋顶平面图

建筑方案 A 平面图

建筑方案 A 讲评： 设计者根据图书馆的功能流线要求，较好地将各功能空间进行了有序组织，但是疏散楼梯、电梯布置等问题亟待优化

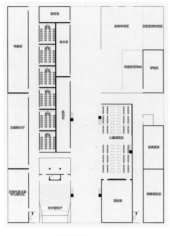

一层平面图

二层平面图

三层平面图

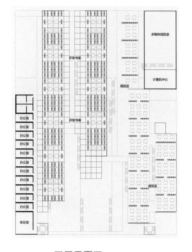

四层平面图

建筑动画室外场景

建筑方案 B

建筑方案 B 讲评：该方案严格按照图书馆的功能流线将各功能空间进行了有序组织，更进一步的是，设计者将各功能空间内部的家具、书架等设施进行了合理布置，使得各功能空间尺度更加清晰。另外，平面图中各空间还遵守了几何秩序的形式法则，使得空间形态与功能空间较好地融合在一起。但是，从"建筑动画室外场景"看，建筑立面玻璃幕的划分没有严格按照几何秩序操作，因而显得比例不合宜，接下来需要进行优化设计

选取一个方案进行建筑方案设计的图纸和动画表达。

练习要求

1.图纸包括完整建筑平面图（平面图要有具体家具布置）、立面图、剖面图、分层轴测图、剖透视图、功能分析图、效果图、流线分析图。

2.图纸要有主要建筑经济技术指标，包括每层建筑面积（共享空间只在最底层算一次面积）、总建筑面积、容积率、建筑密度、用地面积、建筑层数、总建筑高度等。

▶ # 讲评图书馆建筑方案的图纸排版和模型动画，课后完善图纸表达和模型动画

教学目标

通过建筑方案设计的图纸表达和动画演示，检验同学们本单元的最终训练成果。

建筑方案 A 图纸讲评：走廊中的结构柱影响交通的通畅性，应进一步优化柱网布置

授课内容

1.讲评图书馆建筑方案设计的图纸和模型动画，并对建筑图绘制的规范性、功能流线、图面排版等问题提出修改完善建议。

2.总结、回顾本单元的训练内容、要点、目标。

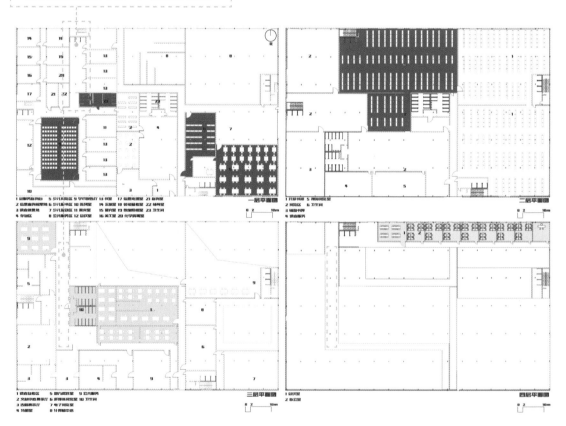

建筑方案 A 图纸讲评：平面图布置基本能够满足图书馆的功能组织流线要求和功能使用的合理性，但图面中存在相关建筑规范和空间使用的问题，例如，所有房间的门都采用了单开门的方式，没有根据疏散要求进行区分，走廊中的结构柱阻碍了使用者行进的通畅性。再者，平面图中室内家具布置不完整，需要进一步完善

建筑方案 A 平面图

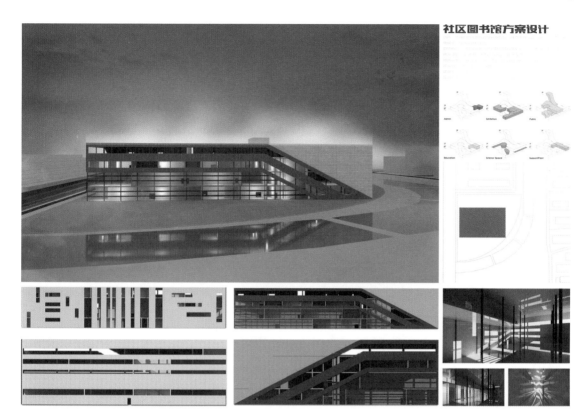

社区图书馆方案设计

建筑方案 A 效果图与立面图

建筑方案 A 图纸讲评：建筑效果图和立面图缺乏设计，其问题在于建筑立面的划分存在任意性，没有严格按照几何秩序法则进行立面设计

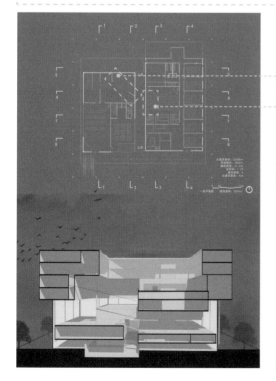

建筑方案 B 图纸讲评：平面图中这一位置的墙体设置使得整个空间划分的形式比例不够美观，须根据几何秩序法则优化空间的形式比例关系

建筑方案 B 图纸讲评：报告厅座椅与墙之间应有通道布置。另外，此报告厅只开设了一个疏散门，不符合疏散要求。针对这些建筑的规范性问题，需要根据《建筑设计资料集（第三版）》进行修改

课后练习

课后，完善图纸表达和建筑模型动画，最终提交本单元设计作业成果。

建筑方案 B 平面图和剖透视图

▶ 最终图纸呈现

设计：初馨蓓

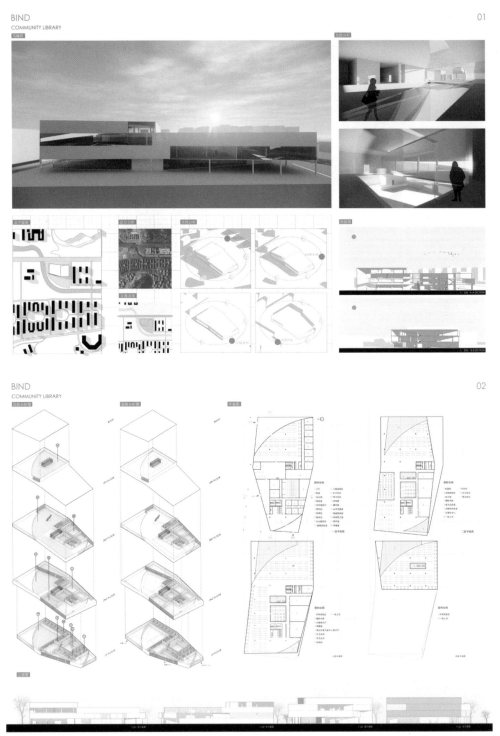

设计：董嘉琪

设计说明：

本馆作为山东省美术作品一套提供科视阅读、研究、文化博展、休闲于一体的社区型书馆。图书馆设计为 4 层，建筑高度约为 24m，建筑面积约为 34750 平方米，其中阅览书库面积约为 2460 平方米，报告厅面积约为 70 万座，配套服设施数量设施为主，并备书库大厅约为 23 万座，同时约面积 1200 平方米其大像阅展示，车储阅读图等。

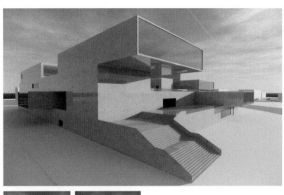

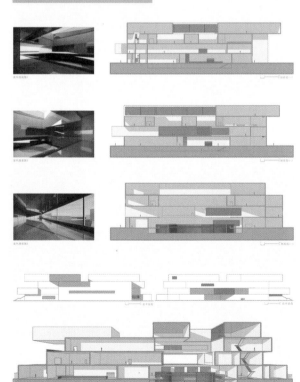

图书馆·建筑设计方案

3

图书馆·建筑设计

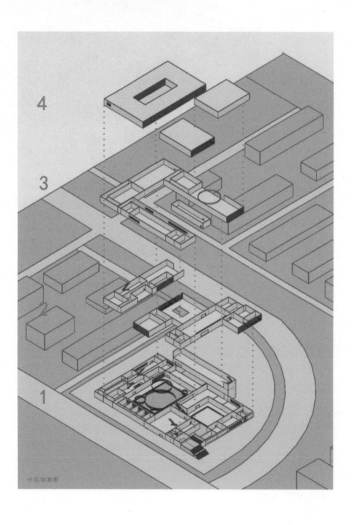

4

3

1

分层轴测图

一层平面图

4

图书馆·建筑设计方案

5

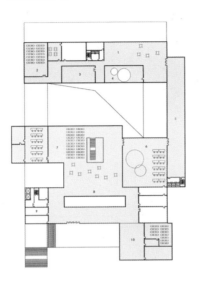

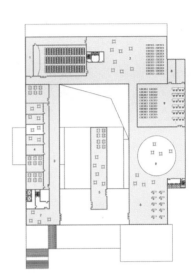

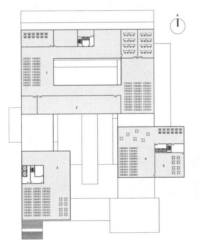

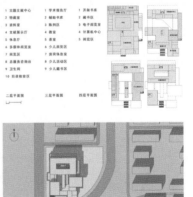

1 行政办公室
2 图书采编中心
3 读者自修室
4 中庭
5 开架书库 自修室
6 阅览区
7 藏书区
8 读者服务区
9 楼梯间

1 古籍文献中心　　1 学术报告厅　　1 开架书库
2 特藏室　　　　　2 辅助书库　　　2 藏书区
3 资料室　　　　　3 陈列区　　　　3 电子阅览室
4 文献展示厅　　　4 教室　　　　　4 计算机中心
5 休息厅　　　　　5 美室　　　　　5 阅览室
6 多媒体阅览室　　6 少儿画展区
7 阅览区　　　　　7 资讯体验室
8 总服务咨询台　　8 少儿活动区
9 卫生间　　　　　9 少儿藏书区
10 目录检索区

二层平面图　　　三层平面图　　　四层平面图

设计：宁思源

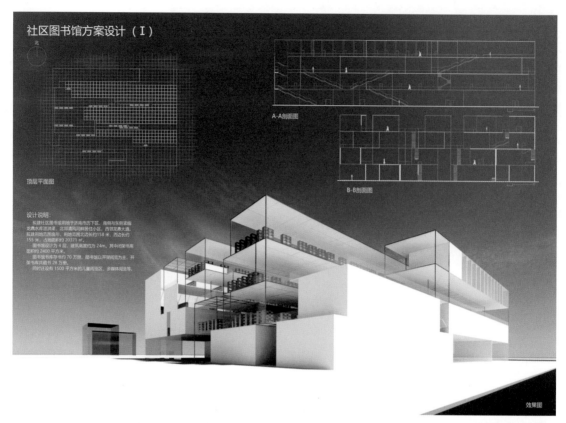

社区图书馆方案设计（Ⅰ）

顶层平面图

A-A剖面图

B-B剖面图

设计说明：
　　拟建社区图书馆用地于济南市历下区，南侧与东侧紧临龙奥大厦湿洪渠，北侧毗邻同祥居住小区，西侧龙奥大道。拟建用地范围南北边长约158米，西边长约155米，占地面积约20371 m²。
　　图书馆设计为4层，建筑高度约为24m，其中闭架书库面积约2400平方米。
　　图书馆书库存书约70万册，阅书区以开架阅览为主，开架书库共藏书28万册。
　　同时还设有1500平方米的儿童阅览区、多媒体阅览等。

效果图

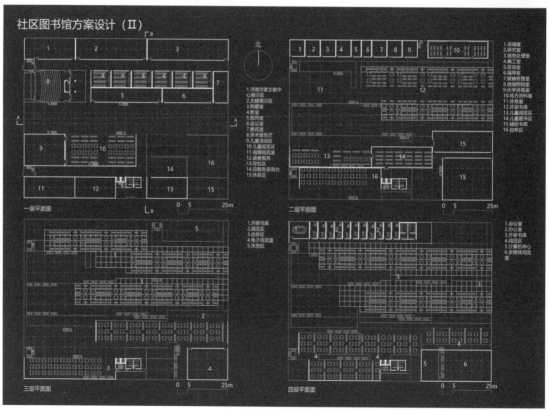

社区图书馆方案设计（Ⅱ）

北

1.济南作家文献中心展示区
2.古籍展示区
3.收藏区
4.教室
5.陈列室
6.会议室
7.贵宾室
8.学术报告厅
9.儿童活动区
10.儿童阅览区
11.视障阅览室
12.读者服务
13.存包区
14.总服务咨询台
15.休息区

1.采编室
2.研究室
3.信息处理室
4.美工室
5.咨询室
6.辅导室
7.装帧修整室
8.缩微照相室
9.化学消毒室
10.地方资料室
11.办公室
12.开架书库
13.儿童阅览区
14.儿童借书区
15.辅助书库
16.自修区

一层平面图

二层平面图

1.开架书库
2.阅览区
3.自修区
4.电子阅览室
5.休息区

1.会议室
2.办公室
3.开架书库
4.阅览区
5.计算机中心
6.多媒体阅览室

三层平面图

四层平面图

0 5 25m

社区图书馆方案设计（Ⅲ）

B-B剖透视图

0　5　25m

室内透视图

总平面图

北

社区图书馆方案设计（Ⅳ）

南立面

0　5　25m

北立面

0　5　25m

西立面

0　5　25m

0　5　25m

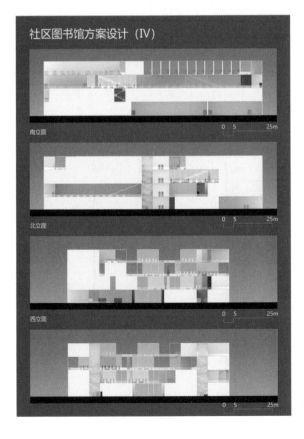

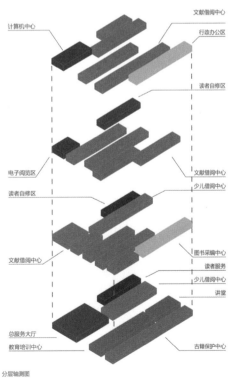

计算机中心

文献借阅中心

行政办公区

读者自修区

电子阅览区

文献借阅中心

读者自修区

少儿借阅中心

文献借阅中心

图书采编中心

读者服务

少儿借阅中心

讲堂

总服务大厅

教育培训中心

古籍保护中心

分层轴测图

设计：张皓月

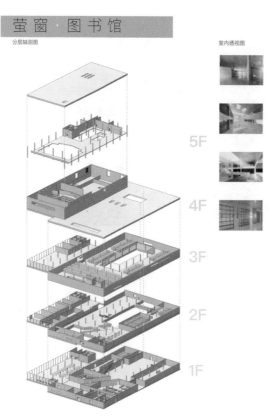

分层轴测图

5F
4F
3F
2F
1F

室内透视图

萤 窗 · 图 书 馆

一层平面图

萤窗·图书馆

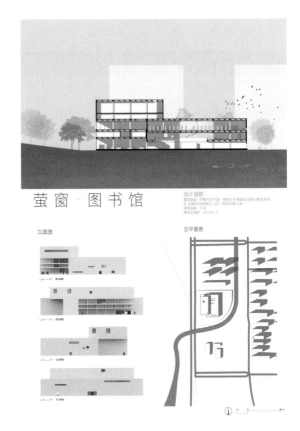

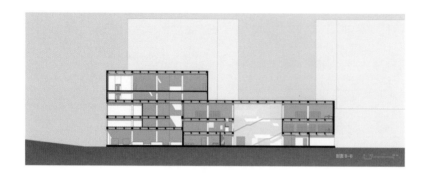

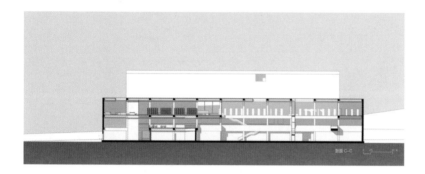

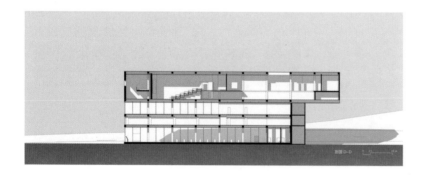

第七单元

建筑方案快题设计

本单元是对第六单元"从功能到形式体块关系的训练"的延续。通过 10 天的训练，设计者完成一座幼儿园的功能空间组合，进而巩固、加强功能空间体块的组合能力。

7

第7周

7-1

▶ **课前布置幼儿园建筑方案设计任务，学生依据功能布置要求进行方案设计，课后深化完成2个建筑初步设计方案**

教学目标

通过10天时间完成幼儿园建筑方案的快题设计，继续巩固、提高同学们依据功能分析图，运用几何秩序法则进行功能空间体块组合的能力。

授课内容

设计任务

1 基地条件

基地位于20世纪80年代建成的济南市某居住区内。随着时代的发展，居住区内原有幼儿园逐渐不能满足全区幼儿的入托需要。现拟利用小区内部的一处空地，新建一座6班幼儿园，接纳学龄前儿童约150个。地块呈矩形，四面临小区内部道路。内部地形较为平整，存有若干棵柿子树，建议完整保留，也可根据需要去除或者移位。建筑退用地红线不小于5m。具体状况详见"幼儿园建筑设计场地总平面图"。

2 设计要求

总建筑面积不大于2500m²。各功能区内部具体功能构成及房间面积应如下：

2.1 功能房间

2.1.1 生活单元

活动室54 ~ 60m²，寝室54 ~ 60m²，卫生间15 ~ 20m²（含盥洗、厕所、浴室），衣帽间、教具间、贮藏室9 ~ 12m²。

2.1.2 服务用房

晨检及医务间20m²，隔离室15m²，教研及行政办公区60m²，会议室20m²，贮藏室30m²，职工卫生间15m²，传达室15m²。

2.1.3 供应用房

主副食加工间35m²，主副食库20m²，冷藏间6m²，配餐间15m²，消毒间10m²，洗衣烘干间20m²。

2.1.4 公共活动教室（多功能音体室）

共120m²，美工室、图书室、科学发现室各1间，面积自定；门厅、交通空间、交流共享空间等面积根据需要设置。

2.2 室外场地

班活动场地：面积与每班活动室相仿。

全园活动场地：集体操场、4道30m短跑道、沙坑5m×5m、戏水池50m²、跷跷板2个，滑梯、秋千、平衡木、转椅攀登架各一个，种植园一小块等。

2.3 编班模式

编班模式可考虑以下两种：

2.3.1 大中小班模式

小班（3岁）2个、中班（4 ~ 5岁）2个、大班（5 ~ 6岁）2个。

2.3.2 混龄模式

全园设置 6 个平行班级，每班采取定额招生的方式。小（3岁）、中（4～5岁）、大（5～6岁）3 个年龄段的孩子按一定比例进行搭配，形成混龄班级。设计中应考虑对不同年龄段孩子的活动、休息、进餐、学习等空间进行分合。幼儿活动空间的面积和空间划分形式可适当调整，在调研分析的基础上自行确定。

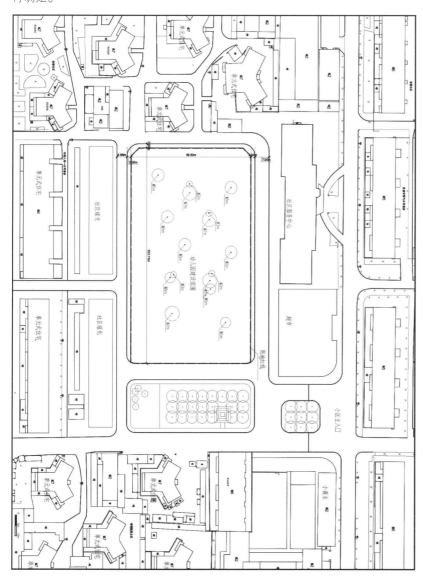

幼儿园建筑设计场地总平面图

每位同学根据设计任务书完成 2 个幼儿园建筑设计的初步方案。

在进行幼儿园建筑方案初步设计之前，每位同学须找一个已建成的 6 班幼儿园的平面图进行描绘，以熟悉幼儿园的功能布置。

▶ **课上讲评初步方案，课后每位同学完成方案图纸表达和动画制作**

通过讲评指出方案中存在的问题，以促进同学们优化方案设计和推进设计进度。

课上，讲评每位同学的 2 个幼儿园建筑方案初步设计，对功能流线、建筑图的规范性、场地空间等问题提出修改建议。

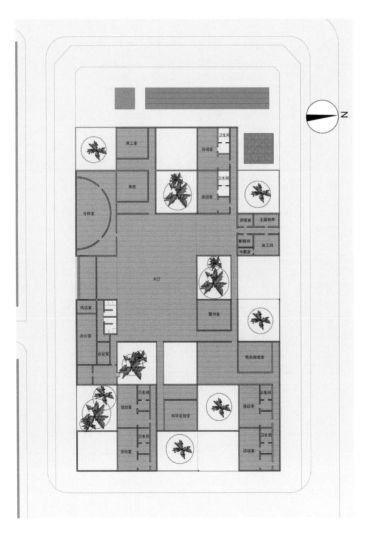

幼儿园建筑设计方案 A 讲评：首层平面图中门厅面积比例偏大，应进行优化。活动室平面形式比例应根据《建筑设计资料集（第三版）》中相关使用要求进行优化。图中右下角活动室采光不满足设计要求

幼儿园建筑设计方案 A 首层平面图

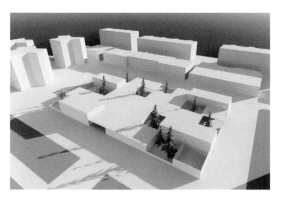

幼儿园建筑设计方案 A 室外动画场景

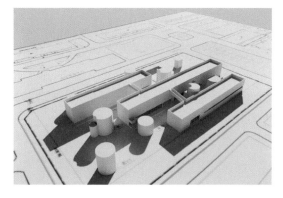

幼儿园建筑设计方案 B 室外动画场景

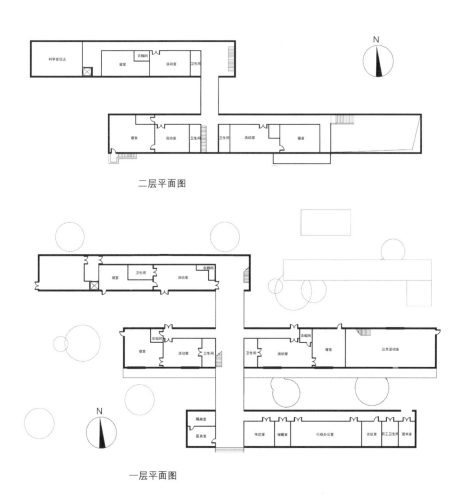

二层平面图

一层平面图

幼儿园建筑设计方案 B 平面图

幼儿园建筑设计方案 B 讲评： 从平面图看幼儿园各功能空间流线组织较合理，但从室外动画场景看，活动室采光不满足设计要求，一层平面图主入口位置的台阶平台进深不满足使用要求

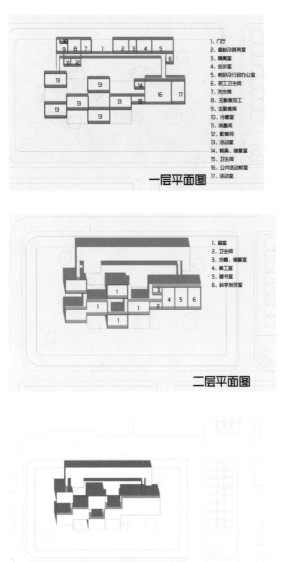

一层平面图

1. 门厅
2. 晨检及医务室
3. 隔离室
4. 会议室
5. 教研及行政办公室
6. 职工卫生间
7. 洗衣房
8. 主副食加工
9. 主副食库
10. 冷藏室
11. 消毒间
12. 配餐间
13. 活动室
14. 教具、储藏室
15. 卫生间
16. 公共活动教室
17. 活动室

二层平面图

1. 寝室
2. 卫生间
3. 衣帽、储藏室
4. 美工室
5. 图书室
6. 科学发现室

屋顶平面图

幼儿园建筑设计方案 C 平面图及功能空间计算分析图

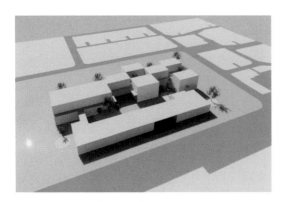

幼儿园建筑设计方案 C 室外动画场景

幼儿园建筑设计方案 C 讲评： 设计者将任务书中各功能空间面积进行梳理统计后，按照功能流线进行了组织，从平面图上看，功能流线基本满足了使用要求，但平面空间形式不够紧凑，平面图纸标记的活动室采光不满足设计要求

课后练习

　　每位同学选取一个方案进行图纸表达和动画制作。

练习要求

　　1.图纸要求用 A1 图幅排版，包括各层平面图（平面图比例不能太小，需要画出室内家具与卫生洁具布置）、立面图、剖面图、分层轴测图、效果图。

　　2.动画时长为 1 ~ 2 分钟。

▶ # 课上老师讲评图纸表达和动画，课后每位同学最终完善图纸表达和动画制作

通过讲评幼儿园建筑方案图纸和动画，检验同学们在这一单元的训练成果。

针对图纸排版、建筑图的规范性、功能流线、使用要求、建筑形式等问题进行讲评。

幼儿园建筑设计方案 A 图纸 1 讲评：场地内跑道距离建筑太近，应根据场地要求进行优化设计

MARCH HARE
KINDERGARTEN

幼儿园建筑设计方案 A 图纸 1

幼儿园建筑设计方案 A 图纸 1 讲评：活动室南侧墙体与院落之间缺少必要的气候边界

幼儿园建筑设计方案 A 图纸 1 讲评：所有通往建筑的出入口位置都缺少室内外高差的表达，应当将台阶及平台画出

幼儿园建筑设计方案 A 图纸 2 讲评：总平面图中周边建筑颜色太暗，使得主体建筑不够突出。另外，指北针、建筑主入口位置缺少必要的表达

幼儿园建筑设计方案 A 图纸 2 讲评：建筑立面图缺少地面线的表达。此外，比例尺、图名信息应补充完整

MARCH HARE
KINDERGARTEN

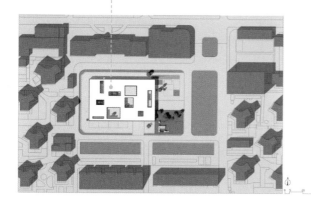

幼儿园建筑设计方案 A 图纸 2

幼儿园建筑设计方案 A 图纸 2 讲评：室外透视图与背景对比度不够明显，导致建筑轮廓不清晰

课后练习

课后，同学们依据课上讲评，补充、完善图纸表达和动画制作。

▶ 最终图纸呈现

设计：李凡

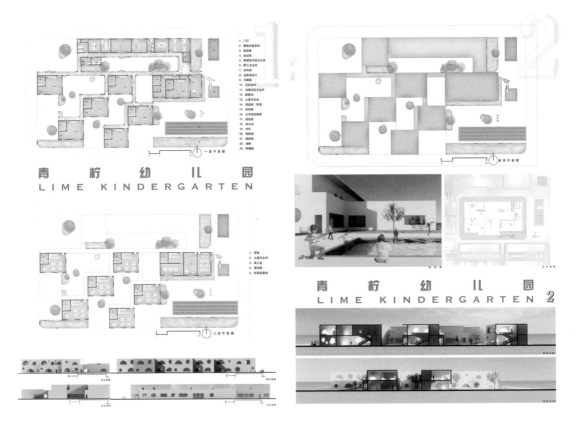

青柠幼儿园
LIME KINDERGARTEN

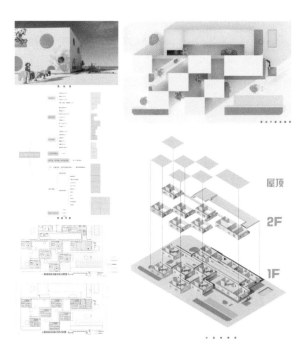

屋顶

2F

1F

青柠幼儿园
LIME KINDERGARTEN

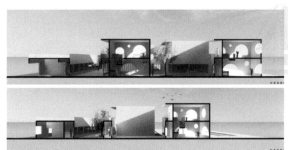

设计：刘昱廷

Four Colors Kindergarten

Four color kindergarten is a six class kindergarten, which accepts about 150 preschool children. The plot is rectangular with four internal roads. The site is located in a residential area built in 1980s in Jinan City.

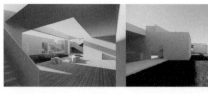

Location analysis

Route analysis

site-plan

Concept extraction

Single teaching – activity unit

Interspersed persimmon tree combination

The two combinations are combined again to expand the scope of communication

Form a three-level activity space system

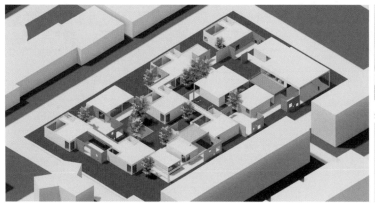

Sunshine analysis

Classrooms, reading rooms and libraries that need long sunshine are located in the south of the building land, while functional rooms are mostly located in the north of the building.

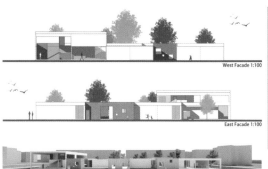

West Facade 1:100

East Facade 1:100

1.Lobby
2.Activity space
3.Inspection&Infirmary
4.Classroom
5.Scientific discovery room
6.Kitchen
7.Muti-functional space
8.Library
9.Activity area
10.Sand area
11.Pool
12.Runway

0 5 25m

First floor plan

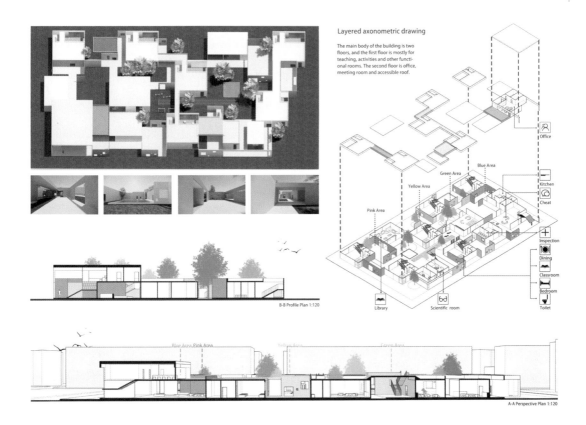

Layered axonometric drawing

The main body of the building is two floors, and the first floor is mostly for teaching, activities and other functional rooms. The second floor is office, meeting room and accessible roof.

Office

Kitchen

Cheat

Inspection

Dining

Classroom

Bedroom

Toilet

Pink Area

Yellow Area

Green Area

Blue Area

Library

Scientific room

B-B Profile Plan 1:120

Blue Area　Pink Area　Yellow Area　Green Area

A-A Perspective Plan 1:120

设计：张皓月

MARCH HARE
KINDERGARTEN

MARCH HARE
KINDERGARTEN

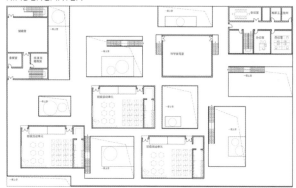

二层平面图

室内透视图（大厅）/ 11:00 a.m.

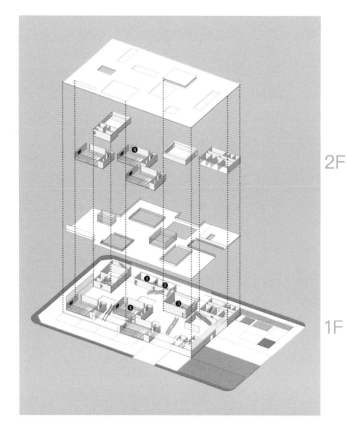

2F

1F

MARCH HARE
KINDERGARTEN

❶ 图书室

❷ 美工室

❸ 多功能活动厅

❹ 班级活动单元

MARCH HARE
KINDERGARTEN

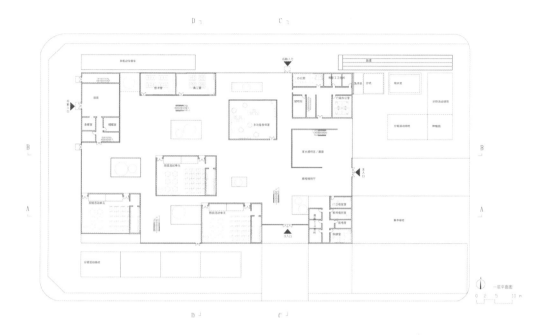

MARCH HARE
KINDERGARTEN

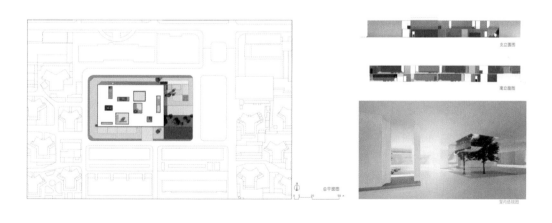

MARCH HARE
KINDERGARTEN

西立面图

东立面图

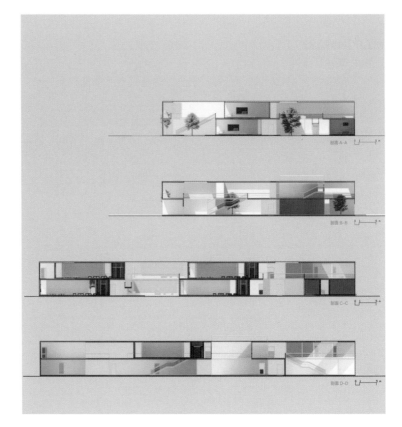

▼▼▼

第八单元

个体行为观察分析

8

从本单元训练开始，老师利用幻灯片展现场景，让同学们进行快速绘画记录，以快速绘画的方式对现实生活中的个体人物行为进行记录，最后通过室内空间的改造设计，完成某个空间环境的改造提案。因此，对个体行为进行观察分析，并以此为依据设计符合使用者需求的空间环境是本单元的训练重点和难点。

▶ # 课上利用投影仪展示图片中的场景，让同学们快速记录，课后同学们对室内餐饮空间进行观察、调研

教学目标

通过 10 天时间完成幼儿园建筑方案的快题设计，继续巩固、提高同学们依据功能分析图，运用几何秩序法则进行功能空间体块组合的能力。

授课内容

1. 对咖啡厅现状进行调研（需要以"考现学"方法进行调研，图文并茂，包括现场访谈、测绘、记录），调研成果排在一张 A2 图纸上。

2. 在调研现状图上标注出问题，并提出改进设想和家具或设备的尺寸、数量（图文并茂，成果排在 A2 图纸上）。

3. 在第 2 项基础上，设计 2 个咖啡厅改造的概念方案（以动画呈现）。

设计任务

1 场地概况

一层大厅有一处咖啡厅（汇文轩）。本设计旨在在其现有基础上进行改造设计。目前，该咖啡厅室内平面东西长约 18m（轴线距离），南北宽约 4.62m（轴线距离），室外营业场地长约 18m（轴线距离），南北宽约 2.68m（轴线距离）。

2 设计要求

设计者须对咖啡厅的使用者以及工作人员进行仔细观察和记录，然后根据人的行为进行咖啡厅的改造设计。

本设计要求同学们运用建筑材料、色彩营造出咖啡厅的空间氛围。

3 设计内容

设计范围包括原汇文轩咖啡厅的室内和室外空间，另外，还须设计出汇文轩北侧的室外卡座场所。

4 主要技术指标

简餐、咖啡操作区：须满足简餐、咖啡的制作，以及餐盘洗涤、货品储藏等功能，面积根据操作者需要而定。

销售区：须满足结账、货品展示等功能，面积根据操作者需要而定。

室内卡座区：根据客人用餐行为灵活布置，面积根据客人行为需求而定。

室外卡座区：根据客人用餐行为灵活布置，但不能干扰其他空间中的使用者，面积根据客人行为需求而定。

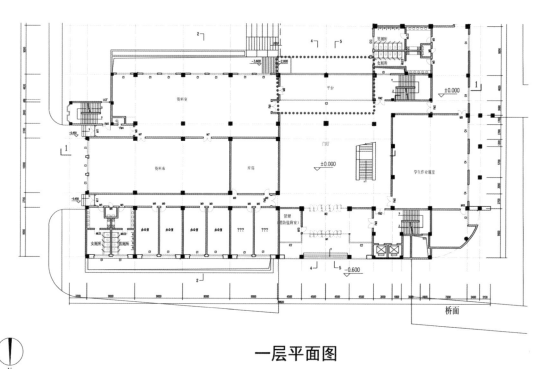

一层平面图

待改造咖啡厅平面图

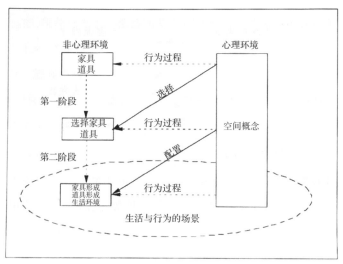

建筑行为学视野下人的行为与空间关系

▶ **课上讲评调研成果和咖啡厅改造的初步方案，课后进行改造方案设计的图纸表达和动画完善**

教学目标

训练同学们了解建筑行为学的思考方法，初步掌握以建筑行为学为先导的空间设计方法，强调人的行为与空间的关系，训练同学们对具体环境中的人的行为观察、记录能力。在观察的基础上，通过室内空间的设计，建立从人的行为入手来进行设计的工作方法。

授课内容

1. 讲评同学们的调研图纸，主要包括调研内容的完整性、调研结论、改造策略等。

2. 讲评同学们的咖啡厅改造方案设计动画。

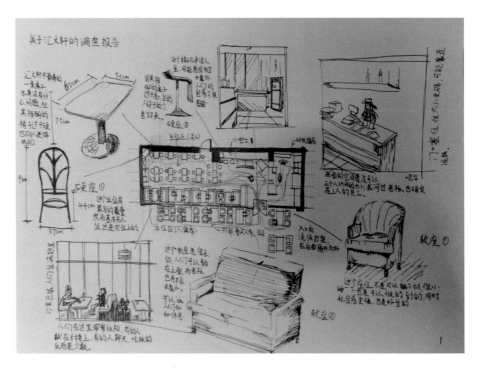

金奕天同学调研报告

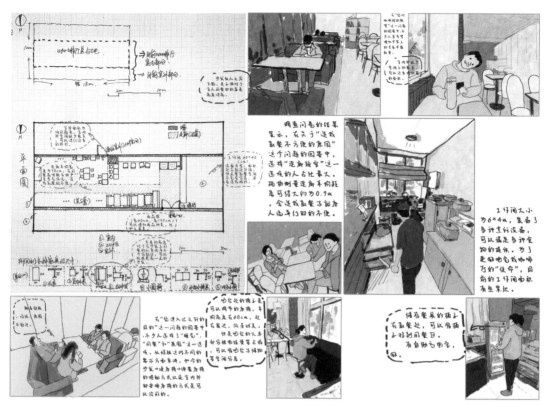

崔晓涵同学现场调研报告 1

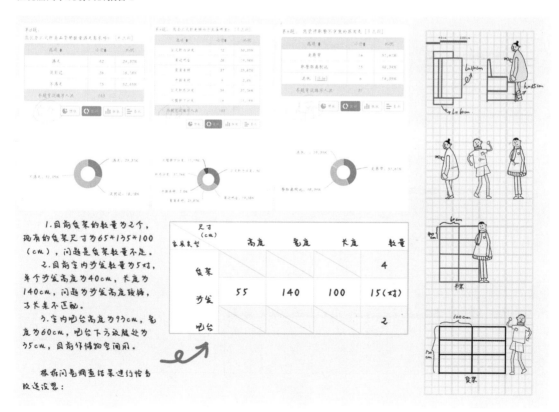

崔晓涵同学现场调研报告 2

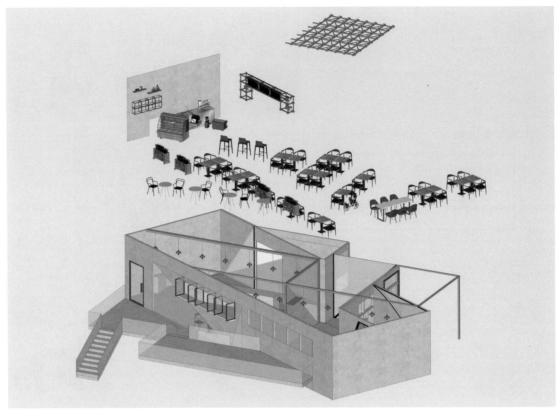

郑泽皓同学设计的改造方案模型

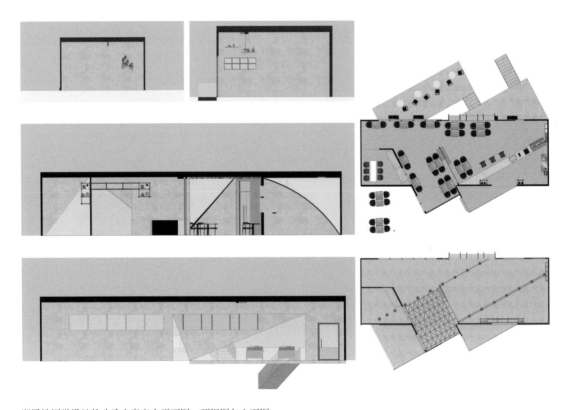

郑泽皓同学设计的改造方案室内平面图、顶视图与立面图

郑泽皓同学设计的改造方案室内剖面图

郑泽皓同学设计的改造方案室内外动画效果

郑泽皓同学设计的改造方案室内外动画夜间效果

郑泽皓同学设计的改造方案室内动画夜间效果

课后练习

课后，每位同学完成咖啡厅改造方案设计的图纸和动画，图纸要求：

1. 本次图纸要求使用 A2 图幅。

2. 第 1 张图是基于"考现学"对汇文轩作出的现状调研图。

3. 第 2 张图是基于对现状问题的分析，包括调研分析和网络问卷分析。

4. 第 3 张图是在前两张图的基础上提出问题，并编写咖啡厅设计的任务书（图文并茂）。

5. 第 4 张图开始是咖啡厅的方案设计总体效果图（包括室内、室外 U 形广场的设计）。

6. 第 5 张图是分解轴测图，第 6 张图依次是平面图、立面图（6 个室内表面）、剖面图、室内透视图（包括夜景效果）。

7. 图纸总张数原则上不少于 6 张。

▶ 课上讲评方案设计图纸和动画，课后修改、完善图纸和动画

教学目标

1. 检验同学们方案设计的图纸表达和动画制作的成果，为同学们修改、深化方案设计提出建议。

2. 训练同学们在建筑材料与色彩的选择运用以及空间氛围营造方面的能力。

授课内容

讲评同学们的方案设计图纸和动画，并提出修改、完善建议。

方案 A 图纸讲评：咖啡厅室外场地的设计与室内效果不够统一。另外，从图面色调看，室外夜景色调跟整张图纸色调冲突较大

方案 A 图纸讲评：室内效果图表现的室内光影效果较好，室内格架与家具材质较为统一

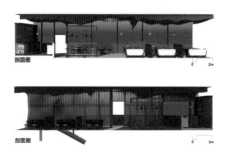

咖啡厅改造方案 A 图纸讲评： 照片组合形式应该与整个背景墙面统一考虑，可以将其假想成建筑立面开窗的设计，严格按照几何秩序进行比例与形式的设计

咖啡厅改造方案 A 图纸讲评： 吧台的直线形式与室内空间的自由曲线形式不够统一

咖啡厅改造方案 B 图纸讲评： 从室内效果图看，该方案的空间氛围与咖啡厅的空间氛围不符，其红色色调需要推敲。桌椅形式缺少设计，室内墙面、顶棚的划分比例不够协调，应按照几何秩序法则进行比例与形式的设计

课后练习

完善各自的图纸、动画，须注意：

1. 所有的家具都要自己设计，且要符合人体尺度和几何秩序法则。

2. 室内空间形式要统一、色彩要协调。

3. 所有室内形式要素（包括家具）都要在网格内设计完成。

4. 需要将整个咖啡厅的背景模型建完整。

▶ 最终图纸呈现

设计：李凡

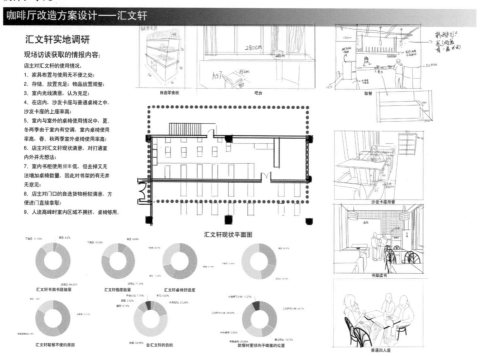

咖啡厅改造方案设计——汇文轩

汇文轩实地调研

现场访谈获取的情报内容：

店主对汇文轩的使用情况：

1. 家具布置与使用无不便之处；
2. 存储、放置充足，物品放置规整；
3. 室内光线满意，认为充足；
4. 在店内，沙发卡座与普通桌椅之中，沙发卡座的上座率高；
5. 室内与室外的桌椅使用情况中，夏、冬两季由于室内有空调，室内桌椅使用率高，春、秋两季室外桌椅使用率高；
6. 店主对汇文轩现状满意，对打通室内外并无想法；
7. 室内书柜使用频率低，但去掉又无法增加桌椅数量，因此对书架的有无并无意见；
8. 店主对门口的自选货物柜较满意，方便进门直接拿取；
9. 人流高峰时室内区域不拥挤，桌椅够用。

自选零食柜　　吧台　　取餐

沙发卡座用餐

书架读书

普通四人座

汇文轩现状平面图

汇文轩书架书籍数量　　汇文轩插座数量　　汇文轩桌椅舒适度

汇文轩取餐不便的原因　　去汇文轩的目的　　就餐时更倾向于哪里的位置

咖啡厅改造方案设计——汇文轩

汇文轩改造概要

根据问卷调查获得以下情报：

消费者（老师及学生）对汇文轩改造的意见和建议。

一、对现有桌椅的意见：

1. 部分座椅不舒适，
2. 个别桌椅高度不匹配；

二、对桌椅的改造建议：

1. 桌椅太少，缺少两人座，
2. 桌椅摆放拥挤，
3. 桌椅颜色改为浅色，增加桌椅美观度，增加座椅舒适度；

三、消费者对汇文轩改造的期望：

1. 希望增加建筑模型展示区和增加可供阅读的建筑学书籍；
2. 希望增加室内采光；
3. 建艺馆北向开门，冬日冷风灌入可增设挡风屏风，可利用灵活性增加中庭利用度；
4. 希望结合建筑学专业特点提供24h停留画图服务；
5. 希望有学院风格倾向，能突出更深层的文化特点；
6. 希望有老师生交流，增加讨论圆桌、绘图区和展示区；
7. 希望装修风格更为现代；
8. 希望提供轻食简餐，可以组织沙龙；
9. 希望有足够的插座可以使用，增加私密空间用于方案讨论；
10. 希望增加便利店卖纸笔，增加符合建筑学子的饮品；
11. 希望营业时间能够符合建筑学子的作息时间；
12. 希望供食品健康、有创意；
13. 希望不阻碍大厅与内院之间的采光通风人流联系；
14. 希望有微波炉能热饭。

改进设想

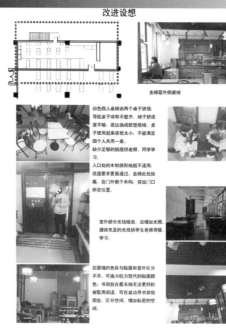

去掉屋外侧桌椅

取餐处上方的就凭摆设的装饰物件与咖啡厅风格不搭，咖啡厅窗前白色灯具与后方黄色的灯风格不搭，整体风格较为混搭，颜色太深，没有现代感。

白色四人桌椅由两个桌子拼接，导致桌子排布不整齐，椅子舒适度不够，建议换成软垫座椅，桌子使用起来感觉太小，不能满足四个人共用一桌。

缺少足够的插座供老师、同学使用。

入口处的木制拱形地板不通过，改造要求更易通过，去掉此处抬高，在门口做个木构，突出门口所在位置。

室外部分光线昏暗，应增加光照，提供充足的光线供学生老师用餐、学习。

后面墙的色彩与贴面和室外区分开，可换为较为现代的贴面颜色；书架处在末端无法取到很好的读取利用度，可在桌边用书架做隔断，区分空间，增加私密的空间。

沙发卡座的沙发与桌子的尺寸不匹配，沙发抬高或桌子降低高度使用，由于室内空间并不大，可以使用小尺寸的沙发，满足四人用餐的同时又可以减少使用面积，拓宽走廊。

建议尺寸：
桌子：50cmX110cm
高度75cm
沙发：40cmX110cm
高度40cm软垫适中
靠背高度40cm

屋顶悬挂的建筑模型很有建筑学院的特色，但却不利于近距离高度观赏，可增设模型示台，与书架结合，更能凸显建筑文化特色。

走廊太窄，椅子在地板上会划到响声。尽量扩大走廊宽度，方便取餐和行走。

咖啡厅改造方案设计——汇文轩

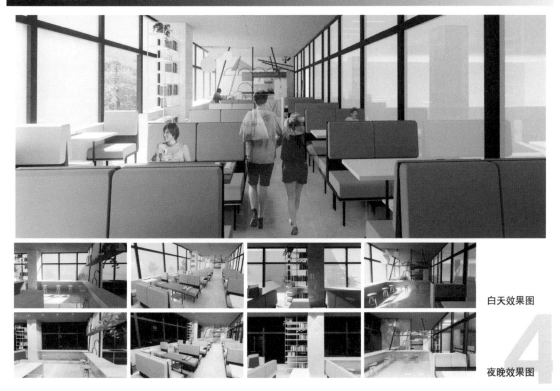

白天效果图

夜晚效果图

设计：刘昱廷

咖啡厅改造方案设计——汇文轩

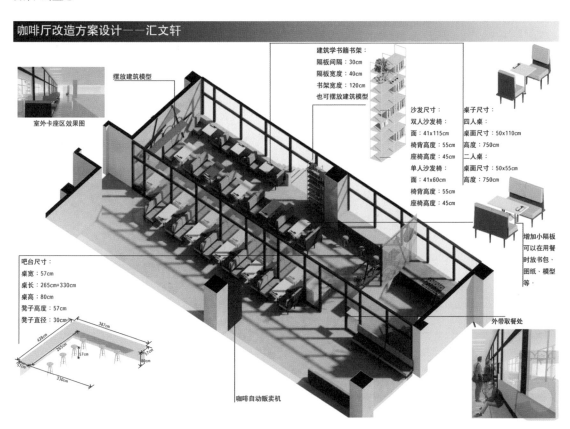

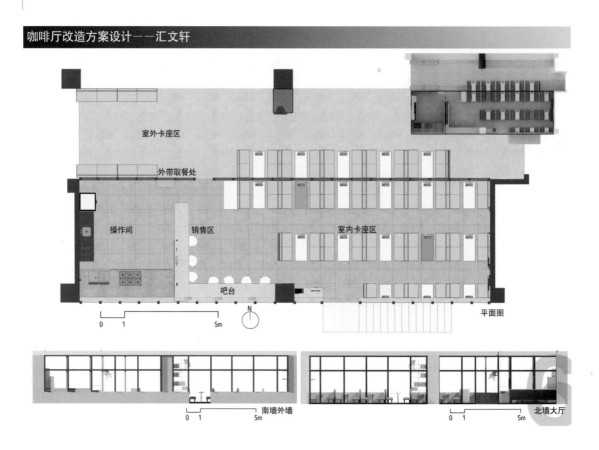

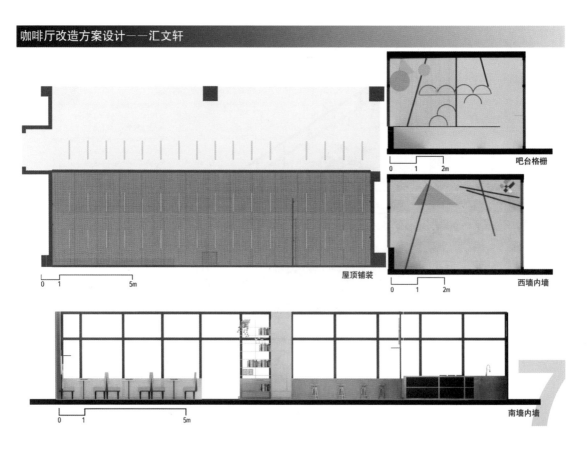

咖啡厅改造方案设计——汇文轩

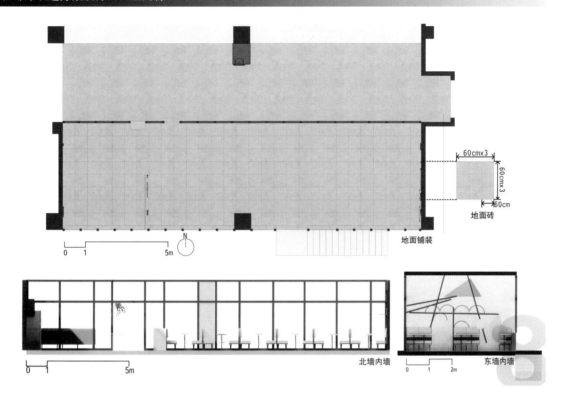

60cm×3

60cm×3

60cm

地面砖

地面铺装

N

0　1　　　　5m

北墙内墙

0　1　　　　5m

东墙内墙

0　1　　2m

一、问题

1、汇文轩座椅存在的问题：

①过于拥挤。

②都是四人桌，俩人桌数量较少。

③沙发和桌子的尺度存在问题，并不舒适，不符合人体尺度。

④存在卫生问题，建议提升整洁度。

⑤外观过于简陋。

2、室外卡座存在的问题：

①设施影响美观，并不干净。

②些许影响交通。

3、对于汇文轩改进的期望：

①建议增设绿色环境，景观和空间结合。

②冬天室外寒冷，建议增设屏风，也可以增加灵活的空间划分构件。

③空间布局能兼顾门厅空间的拓展、向庭院的延伸和引导；空间范围多时段共享足够开放，具有多功能；装修设计更新，符合建筑美学逻辑，功能简明，适用于多人群使用。

④增多插排数量；没有足够的成组方案讨论的。

⑤采光较暗，阅读和学习非常不方便。

二、对比

位置	存在问题	改进设想
室内沙发	尺寸不符合人体尺度 整洁度不够	沙发高度40cm,材料贴合人体腰部，不宜太软
室内桌子	四人桌较多，较为拥挤 外观差	增设二人桌，空间宽松布置 提升外观质量
室外空间	采光较差，布局单一 同样存在尺度问题	增设展台区域，丰富内容 增设隔断构件，丰富空间 尝试打通室内外，
吧台	陈列普通，过于死板， 外观较差	在原有操作空间足够的情况下， 改进外观和形态

平面室内室外局部打通，
形成多样性交互，避免单一流线呆板
更多采用玻璃而非墙体，
增加室内外采光和通透性

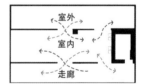

室外

室内

走廊

三、色彩

原始色彩

改进色彩

降低原有环境色的饱和度，采用偏高级灰的颜色，和谐的色调。
它柔和平静，稳重和谐，色彩内含的元素是复杂的而非单纯的灰。

"Huiwenxuan Cafe Design"/ 汇文轩咖啡厅设计

The designer needs to carefully observe and record the users and staff of the coffee shop, and then carry out the transformation design of the coffee shop according to people's behavior.

设计者需对咖啡厅的使用者以及工作人员进行仔细、观察记录，然后根据人的行为进行咖啡厅的改造设计。

Cafe location

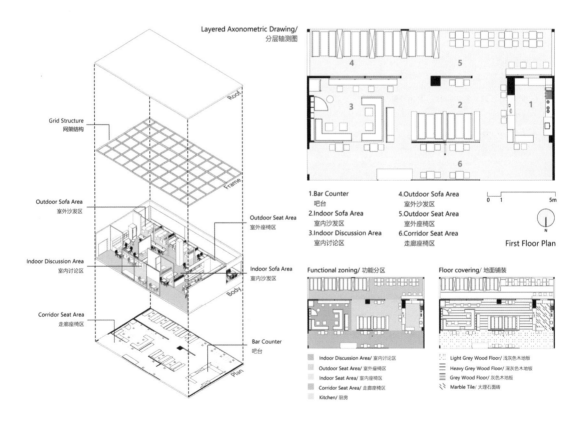

Layered Axonometric Drawing/ 分层轴测图

Grid Structure 网架结构

Outdoor Sofa Area 室外沙发区

Outdoor Seat Area 室外座椅区

Indoor Discussion Area 室内讨论区

Indoor Sofa Area 室内沙发区

Corridor Seat Area 走廊座椅区

Bar Counter 吧台

Roof
Frame
Body
Plan

1.Bar Counter
吧台

2.Indoor Sofa Area
室内沙发区

3.Indoor Discussion Area
室内讨论区

4.Outdoor Sofa Area
室外沙发区

5.Outdoor Seat Area
室外座椅区

6.Corridor Seat Area
走廊座椅区

0 1   5m

N

First Floor Plan

Functional zoning/ 功能分区

Indoor Discussion Area/ 室内讨论区
Outdoor Seat Area/ 室外座椅区
Indoor Seat Area/ 室内座椅区
Corridor Seat Area/ 走廊座椅区
Kitchen/ 厨房

Floor covering/ 地面铺装

Light Grey Wood Floor/ 浅灰色木地板
Heavy Grey Wood Floor/ 深灰色木地板
Grey Wood Floor/ 灰色木地板
Marble Tile/ 大理石面砖

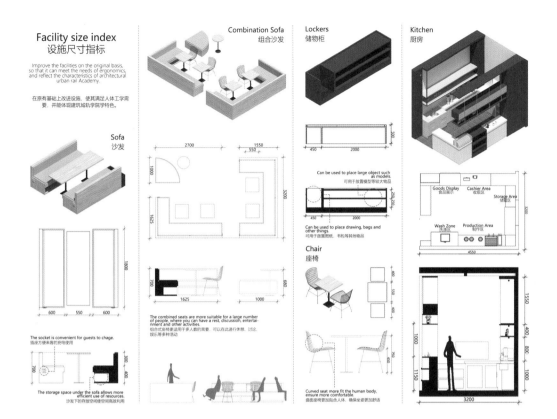

Facility size index
设施尺寸指标

Improve the facilities on the original basis, so that it can meet the needs of ergonomics, and reflect the characteristics of architectural urban rail Academy.

在原有基础上改进设施，使其满足人体工学需要，并能体现建筑城轨学院学特色。

Sofa
沙发

The socket is convenient for guests to chage.
插座方便来客的充电使用

The storage space under the sofa allows more efficient use of resources.
沙发下的存储空间能够更高效利用

Combination Sofa
组合沙发

The combined seats are more suitable for a large number of people, where you can have a rest, discussion, entertainment and other activities.
组合式座椅更适用于多人数的需要，可以在此进行休息、讨论、娱乐等多种活动

Lockers
储物柜

Can be used to place large object such as models.
可用于放置模型等较大物品

Can be used to place drawing, bags and other things.
可用于放置图纸、书包等其他物品

Chair
座椅

Curved seat more fit the human body, ensure more comfortable.
曲面座椅更加贴合人体，确保坐姿更加舒适

Kitchen
厨房

Goods Display 食品展示　Cashier Area 收银区　Storage Area 储藏区
Wash Zone 洗涤区　Production Area 制作区

A-A Profile Plan
A-A剖面图

B-B Profile Plan
B-B剖面图

•Kitchen 厨房　•Passageway I 走廊　•Sofa Area 沙发区　•Passageway 走廊　•Discussion Area 研讨区

C-C Profile Plan
C-C剖面图

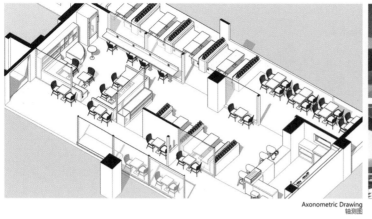

Axonometric Drawing
轴测图

Interior Perspective
室内透视

D-D Profile Plan
D-D剖面图

第九单元

社会集体行为的
观察分析

前一单元个体行为观察分析是以使用者行为与室内空间环境设计为核心的训练专题。本单元将行为观察的范围外延，推广到社会集体行为的观察上来，并依此进行社会空间的设计。社会行为与个体行为的区别，在于社会行为的组织性、系统性。因此，依据社会行为进行空间场所的设计，是本单元的训练难点和重点。

▶ # 课上布置本单元训练任务，课后现场调研，并绘制调研图表，提出改造策略建议

教学目标

本单元旨在训练同学们进一步熟练掌握建筑行为学的思考方法和以建筑行为学为先导的空间设计方法，强调人的行为与空间的关系，拓展同学们对社会集体行为的观察、分析能力。在此基础上，通过"济钢市场再生计划"的方案设计，观察人物行为、使用功能及相关尺度的特点，建立从人的行为入手来进行设计的工作方法。

授课内容

1. 布置菜市场再生计划方案设计任务书。

2. 现场调研、记录。

设计任务

1 设计背景

济钢市场位于济南市历城区，具有 20 余年的历史，是济南东城鲍山社区的重要便民服务市场。其琳琅满目的食品、小商品为周边市民提供便捷服务的同时，更成了重要的节日集市场所。然而，随着岁月的流逝，该市场年久失修，基础设施老化，无法充分满足当下人们的生活需求。因此，济钢市场亟待升级改造，以现代化的功能设施和空间形式为鲍山社区及周边居民提供全新的休闲、娱乐及购物体验。希望通过本次再生计划，将这一老旧便民服务区域打造成提升城市活力的社区公共空间。

济钢市场调研现场 1

济钢市场调研现场 2

2　场地概况

将要改建的菜市场建筑位于济钢市场商贸区内部，地势平坦，周边被钢结构的商业建筑环绕，见"济钢市场基地现状总平面图"（总平面图红色标注区域）。

济钢市场基地现状航拍图

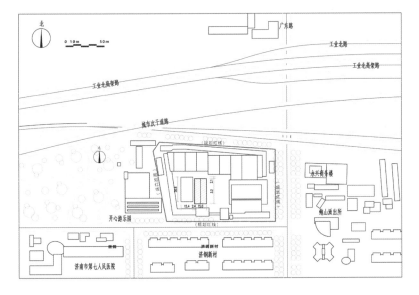

济钢市场基地现状总平面图

课后练习

1. 完成菜市场的现场调研工作。

2. 绘制调研图表，提出再生计划的策略建议。

▶ # 课上讲评调研图表，课后编制设计任务书，完成概念设计方案

1. 检验同学们的调研、分析成果。

2. 为下节课概念方案的设计梳理思路。

每位同学逐一展示调研、分析成果，老师对其进行讲评。

调研报告讲评：以下是四位同学合作完成的一篇《济钢市场现状调研报告》，调研者通过现场勘察，从济钢市场周边环境、内部功能空间，以及人的行为空间，即宏观、中观、微观三个层次对其进行了详细调查、分析。具体内容涵盖市场内部及周边环境交通流线、内部功能空间布置、商户经营方式、顾客行为方式、空间尺度、场所构成介质、市场使用者职业与年龄分析等方面。调研方法包括访谈、测量、统计、观察等方法。从调研内容看，这一部分的勘察内容较为系统、全面。但从报告最后形成的调研结论，即《济钢市场再生计划设计任务书》看，还存在一定问题，具体体现在业态构成缺失，设计目标不够明确，主要功能空间的经济技术指标过于笼统。这对接下来的方案设计指导性较弱。因此，需要进一步完善、细化《济钢市场再生计划设计任务书》。

交通流线
TRAFFIC LINE

分析
Analysis 济钢菜市场场地调研分析

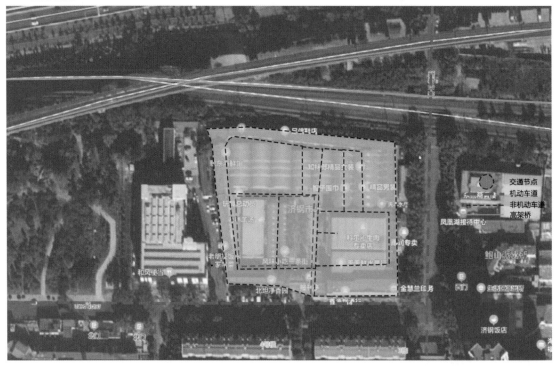

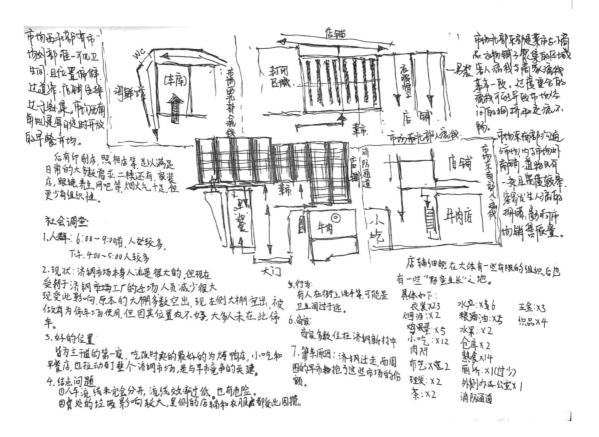

市场西北部有市场双卫生一间卫生间，且位置偏僻，过道窄，店铺显排过于密集，市场西南角四间每日准时开放取早晚开市。

右有印刷店，照相店等足以满足日常的大数需求。二楼还有家装店，眼镜、养生、网吧等，烟火气十足，但更少有组织性。

社会调查

1.人群：6:00～9:00晴，人数较多，
下午.4:00～5:00人较多。

2.现状：济钢市场本身人流是很大的，但现在受制于济钢市场工厂的上场人员减少很大，现受此影响，原本的大棚多数空出，现左侧大棚空出，被做为停车场使用，但因其位置较不好，大多人未在此停车。

3.好的位置：
皆为主街的第一家，吃改时夹的最好的为烤鸭店，小吃和早餐店，也拉动了整个济钢市场，是与早市竞争的关键。

4.结点问题：
①人车流线未完全分开，流线效率过低，也有危险
②其处的垃圾影响较大，里侧的店铺和衣服店都受此困扰。

5.行为：
有人在街上进十菜，可能是卫生间过于远。

6.商家：
商家多数住在济钢新村中。

7.箭车原因：济钢迁走，而周围的早市都抢这些市场的份额。

市场北部东部是菜市与商品的物铺于聚集的区域
一是看：客人流我与商家流我基本一致，过度重合的流我可能破坏市场店间的拥挤，产走定流不畅。

市场东南部的沟通与市场内与市场外商铺，通路均有一定宽度较窄，容易发生人流的拥挤，影响市场销售质量。

店铺细部，在大体有一些有限的组织，右边有一些"野蛮生长"之地。

具体如下：
衣装×23　　水产×至6　　五金×3
烟酒×2　　粮油油×5　　织品×4
鸡蛋×5　　水果×2
小吃×12　　仓库×2
布艺×毛2　　熟食×14
理发×2　　雨片×1(过少)
茶×2　　　外侧办室公室×1
　　　　　消防通道

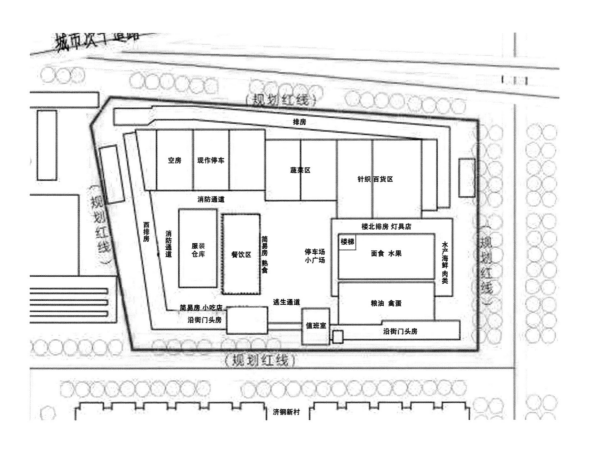

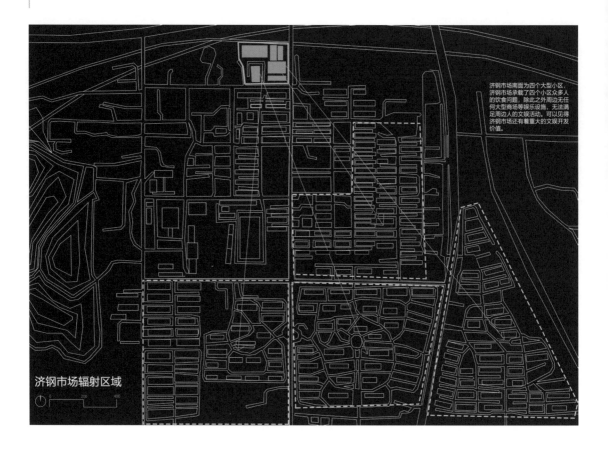

济钢市场南面为四个大型小区。
济钢市场承载了四个小区众多人
的饮食问题，除此之外周边无任
何大型商场等娱乐设施，无法满
足周边人的文娱活动。可以见得
济钢市场还有着重大的文娱开发
价值。

济钢市场辐射区域

现状分析 ANALYSIS OF THE SITUATION

场地现状
SITE ANALYSIS

杂乱无章的产品摆放
Disorderly product placement

超出市场原有红线
Beyond the original red line of the market

场地内部利用率低
The utilization rate of the site is low

无安全标示提醒、护栏保护
No safety signs remind, barrier protection

室内沦为停车场
Indoor parking

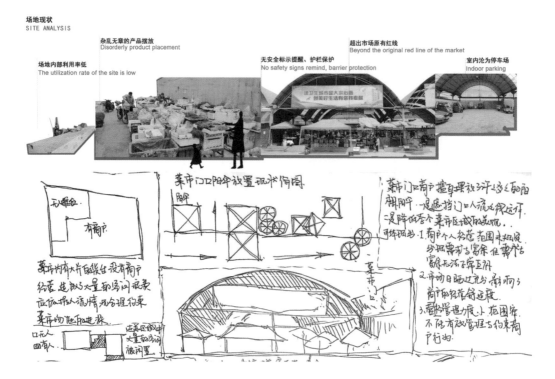

街边现状
PRESENT SITUATION OF THE STREET

丑陋的一角
A corner of the ugly

随意搭建大排档
Set up booth at will

随意摆摊
Casual stalls

场地尺度分析

棚子及周边街道尺度

棚子在市场中心承担了最为重要的职能，他为了接受巨大的人群和众多的商贩，他的尺度非同一般。

场地材质分析

场地表面材质

济钢市场立面主要以绿色彩钢板和白色彩钢板为主，满足了节约减能、经济实惠以及坚固的功能顶棚，以蓝色彩钢板和透明塑料为主，兼具坚固和采光的功能。外部街道为水泥铺装路面，墙面为红白相隔的水泥砂浆抹面，内部设置的样板房为灰色彩钢板，简约经济，视觉变化较为明显。

场地表面颜色

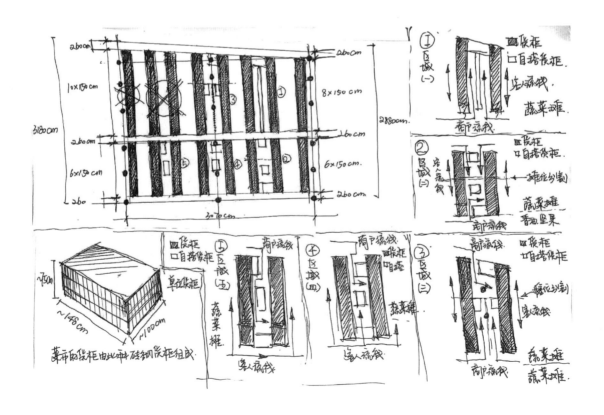

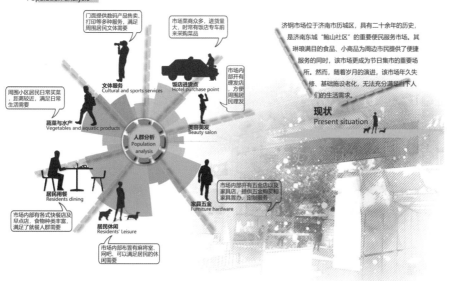

人群分析
Population analysis

门面提供数码产品售卖、打印等多种服务，满足周围居民文体需要

市场菜商众多，进货量大，时常有饭店专车前来采购菜品

济钢市场位于济南市历城区，具有二十余年的历史，是济南东城"鲍山社区"的重要便民服务市场。其琳琅满目的食品、小商品为周边市民提供了便捷服务的同时，该市场更成为节日集市的重要场所。然而，随着岁月的演进，该市场年久失修、基础施设老化，无法充分满足当下人们的生活需求。

文体服务
Cultural and sports services

饭店进货点
Hotel purchase point

市场内部开有理发店，方便周围居民理发

周围小区居民日常买菜，距离较近，满足日常生活需要

蔬菜与水产
Vegetables and aquatic products

美容美发
Beauty salon

现状
Present situation

居民用餐
Residents dining

市场内部开有五金店以及家具店，提供五金购买和家具置办、定制服务

家具五金
Furniture hardware

市场内部有各式快餐店及早点店，食物种类丰富，满足了就餐人群需要

居民休闲
Residents' Leisure

市场内部布置有麻将室、网吧，可以满足居民的休闲需要

第五单元：建筑行为学观察方法与空间设计（2）
"济钢市场再生计划方案设计"
山东建筑大学 ADA 建筑设计艺术研究中心

任课教师： 王昀、张文波
教学年级： 二年级
教学日期： 2021.05

教学目的：该单元旨在训练同学们进一步熟练掌握建筑行为学的思考方法和以建筑行为学为先导的空间设计方法，强调人的行为与空间的关系，拓展同学们对社会集体行为的观察、分析能力。在此基础上，通过"济钢市场再生计划"的方案设计，观察人物行为、使用功能及相关尺度的特点，建立从人的行为入手来进行设计的方法。同时，本单元也侧重训练同学们在建筑材料与色彩的选择运用以及营造空间氛围方面的能力。

训练时长： 第 11-12 周

设计任务：

1 设计背景
济钢市场位于济南市历城区，具有二十余年的历史，是济南东城"鲍山社区"的重要便民服务市场。其琳琅满目的食品、小商品为周边市民提供了便捷服务的同时，该市场更成为节日集市的重要场所。然而，随着岁月的演进，该市场年久失修、基础施设老化，无法充分满足当下人们的生活需求。因此，济钢市场亟待升级改造，以现代化的功能设施和空间形式为"鲍山社区"及周边居民提供全新的休闲、娱乐及购物体验场所。希望通过本次"再生计划"将这一老旧便民服务区域打造成为提升城市活力的社区公共空间。

2 设计目标
为有效盘活济钢市场，我们在调研济钢市场现状后，又查寻了一些被盘活的市场，最后发现，市场盘活的关键在于管理，所以我们希望在这个设计中，从形式上，尽可能做的有设计感，以吸引年轻人前来，而管理上，我们希望通过流线的组织，使整个市场更便于管理，以补足现在，人员较少的问题，尽可能提高流线的效率，使之能够以最小的代价实现管理，设置统一垃圾点和垃圾流线改善整体环境，有组织的规划分区和摊位，解决堵塞问题。

3 设计内容
(1) 改建对象为单层建筑，南北宽约 37 米，东西宽长约 150 米，占地面积约 5646 ㎡，见附图。
(2) 规划红线范围内的建筑外部形态进行概念性设计，见附图；

3.1 主要技术指标

设计者需对菜市场实地调研基础上，得出改造设计任务书，包括摊位数量、经营面积、服务设施、不同功能空间面积指标等。

课后练习

1.继续深化调研成果，将现场手绘记录的内容在图纸上排版。

2.编制菜市场再生计划设计任务书。

3.每位同学完成 2～3 个方案设计的动画（每个功能区块以体块表达即可），每个动画时长约 2 分钟。

调研报告（调研者：金奕天、徐维真、梁润轩、于爽）

第 11 周

11-1

▶ 课上讲评深化后的调研成果和概念设计方案，课后选择一个方案进行深化设计

教学目标

1. 检验同学们根据调研、分析成果生成的菜市场再生计划概念方案的能力。

2. 为下一步方案深化设计提出修改建议。

授课内容

1. 每位同学展示修改深化后的调研成果，老师对其进行讲评。

2. 每位同学展示菜市场再生计划概念方案，老师对其进行讲评，并选定一个方案进行深化设计。

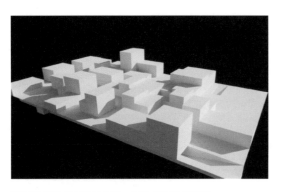

济钢菜市场再生计划方案 A 概念模型动画场景

济钢菜市场再生计划方案 A 图纸讲评：从方案 A 的概念设计平面图中可以看出，设计者利用城市设计的策略，将该地块规划设计成具有街道尺度的娱乐、商业社区。设计理念定位于为周边社区居民提供符合当下生活、购物需求的新型社区场所，模型动画呈现出来的建筑组群的空间尺度适宜，空间形式较为生动

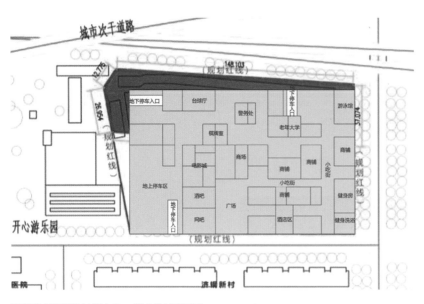

济钢菜市场再生计划方案 A 概念设计平面图

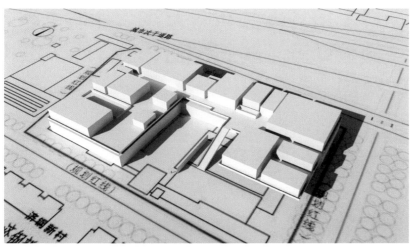

济钢菜市场再生计划方案 B 概
念模型动画场景

济钢菜市场再生计划方案 B 概
念设计一层平面图

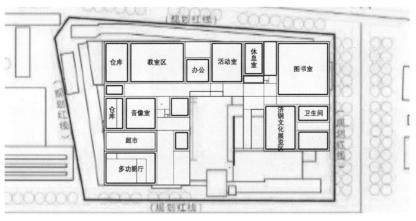

济钢菜市场再生计划方案 B 概
念设计二层平面图

济钢菜市场再生计划方案 B 图纸讲评：方案 B 中，
设计者在该地块内置入了新的功能业态，试图为周
边社区居民的娱乐、购物提供新的便利场所。设计
者尝试将人流引上二层公共空间，以立体化的城市
空间为该地块的振兴提供活力。但是，从概念设计
的一层平面图来看，建筑组团内的公共空间不够连
续、通畅，同时也造成了周边居民进入该场所空间
的不便，需要进一步思考该问题

课后练习

　　1.同学们根据老师课上对菜市场再生计划概念
方案的讲评，进行深化设计。

　　2.深化后的方案设计以模型动画的形式进行
展示。

▶ # 课上讲评深化设计方案，课后修改模型动画，进行图纸排版

检验同学们的方案深化设计成果，提出修改建议，推进设计进度。

1. 每位同学展示方案深化设计的动画。

2. 老师对其进行讲评，提出修改建议。

济钢菜市场再生计划方案 A 模型动画场景 1

济钢菜市场再生计划方案 A 模型动画场景 2

济钢菜市场再生计划方案动画 A 讲评：该动画模型中的钢罐尺寸偏小，使其所在场所的空间尺度感不确定

济钢菜市场再生计划方案 A 模型动画场景 3

济钢菜市场再生计划方案 A 动画讲评：设计者运用了济钢工厂机械构架的场景布置效果试图重新振兴这一场所，设计理念较为新颖，内部空间效果丰富。整体建筑组群采用钢结构，其浓郁的工业风容易唤起人们对济钢的回忆

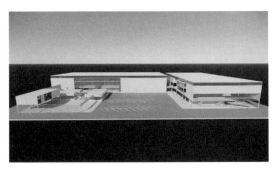

济钢菜市场再生计划方案 B 模型动画场景 1

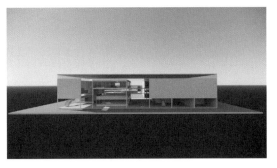

济钢菜市场再生计划方案 B 模型动画场景 2

济钢菜市场再生计划方案 B 模型动画场景 3

济钢菜市场再生计划方案 B 模型动画场景 4

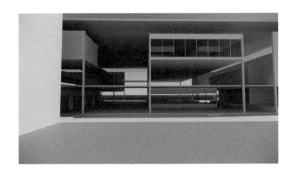

济钢菜市场再生计划方案 B 模型动画场景 5

济钢菜市场再生计划方案 B 动画讲评：设计者结合城市公共交通，在场地内开辟了宽敞的停车区域，室内在保留了集贸市场经营场所的前提下，在竖向空间开辟了新的业态项目，室内空间丰富，且室内外空间的连续性、开敞性效果较好

课后练习

1.课后，完成济钢菜市场再生计划的完整动画。

2.完成调研图和方案图（均为 A1 图纸），方案图包括总平面图、主要楼层平面图、分层轴测图、功能分析图、流线分析图、设计概念分析图、主要剖透视图、主要剖面图、立面图、室内效果图等。

▶ **课上讲评方案设计的动画和图纸排版，课后修改、完善图纸表达和动画制作**

检验模型动画和图纸表达阶段性成果，为最终动画和图纸的完成提出完善建议。

每位同学展示菜市场再生计划方案设计的动画和图纸，老师对其进行讲评，提出修改、完善建议。

济钢菜市场再生计划方案 A 模型动画讲评： 一层建筑顶棚的抹角处理，使得该空间形式不够简洁、明晰，建议明确该角部形式，以使整体空间形式更加清晰

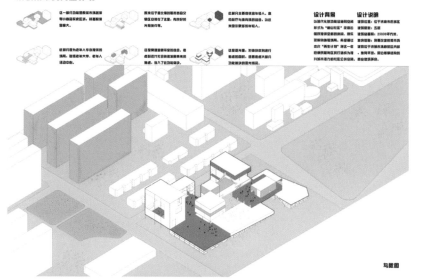

济钢菜市场再生计划方案 A 图纸讲评： 一方面，图面中的鸟瞰模型在周边环境中的尺度不协调；另一方面，插画纯色的表现方式在该图中不利于空间感的表现

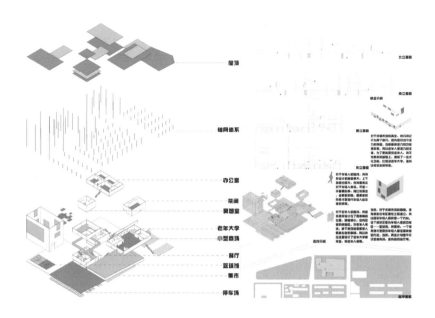

济钢菜市场再生计划方案 A 图纸讲评：四个建筑立面图图面比例偏小，立面细节表达不清晰。另外，建筑图没有区分线型，使得建筑立面过于平面化

济钢菜市场再生计划方案 A 模型动画讲评：设计者根据不同的功能需求，将该场地设计成为满足多种功能空间的公共场所，其中一层保留了原集贸市场的开放性，二、三层则利用不同的空间体块植入新兴业态，以满足年轻人群的使用需求。各建筑空间体块比例较为协调

课后练习

　　每位同学根据课上讲评，课后进行菜市场再生计划方案设计动画和图纸的最终完善。

▶ 最终图纸呈现

设计：石丰硕

Aether Market

Research Report
济钢市场

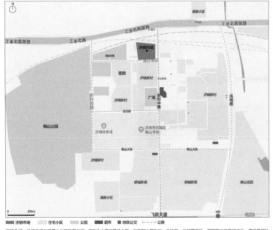

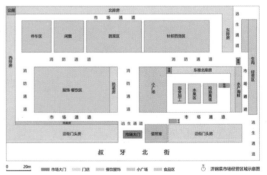

区位分析： 济钢市场位于整个片区的最北角，南边为大量的居住小区，以济钢小区为主，北边有一块闲置空地，高架路出口临近此处，西边营领袖为小门口，再往西有小墨点——鲍山风景，更西边为大面积的鲍山公园。东面为商务区。

通路分析： 南面紧邻叔牙北街，东面远处为新村中路，远处为凤鸣路（很可能规划升级为城市主干路）西面较远处为新村西路。周边各小区可以很方便的到达此处。

人流分析： 周围居民数量很多，理论上应该不缺乏顾客，但同时该片区已经有比较长的发展历史，从图中可以看出超市商场零散布置于片区各处处 导致分流了市场的很多顾客，再加之早市的影响与网络购物的发展，导致支原顾客数量并不多。

功能分析：
济钢市场内功能比较丰富，不仅有食品区还有服饰区及小商品区，定位比较像小型生活服务区。这样的定位在当年可能十分方便于人们的生活，但随着小型超市、网购等的发展，同种商品的样式越来越多，而这样冗余的功能定位会导致每一种商品的样式都不是很全，同时网购及超市相比竞争力下降。再加之，汽车数量增加使得车区域没有变大，导致叔买上类要开车来的人流难以停车降低来此北市场的兴趣。

文化价值分析：
济钢市场内有不少的钢结构，以及一些有年代感的砌面样式为唤起一代人的记忆，可选择部分保留与沾化。

总平面图

发展分析：
"济钢片区总用地面积约的11平方公里，位于空港、高铁、高速、高架的交汇区域，处于新旧动能转换区的胶住交通区优势。具有促进济发展的绝佳交通区优势。"
"凤鸣路南北打通并将升级为干道。"
"济钢片区打造济钢森林公园，保留部分工业文明遗址。"由此观之，与济钢森林公园将有一处的济钢市场，若能与森林公园产生主题联系，形成相文化的交地，将有利于自身的发展和城市整体形象的提升。

Research Report
济钢市场

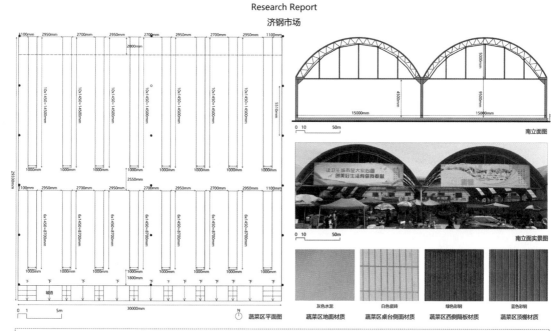

蔬菜区采访调查：
1.蔬菜区人流量比较大的时间？ 早上8.9点生意最好，下午5.6点也有人来买，但人数相对少。
2.现在的生意情况如何？ 其实是逐年下滑，济钢搬迁导致顾客流失，再加之超市等的发展，来这的人越来越少。
蔬菜区观察分析：
发现南边店家的生意总体上要比北边店家的生意好，可见地理位置的一点点优势在对蔬菜区的生意影响很大。
初步分析认为是因为来此处的人流绝大多是从南大门直接进入，大家都更愿意就近选择。过道宽度实则并不小。

蔬菜区顾客类群分析：
上午主要是中老年人，下午下班时间也有小部分年轻人。
蔬菜区初步整改规划：
据调查得知，济钢市场内早上八点前举行早市，在蔬菜区未购买摊位的人可在八点前就地摆摊，这会对蔬菜区的生意有一定的影响；其次整体形象较差，过道上货物大量堆放，后期整改的时候可适当缩小过道宽度，增加桌台间的距离。流线不够通畅，需要重新规划流线尽可能满足更多店家的营业顾客要求。

Research Report
济钢市场

Research Report
济钢市场

济钢市场大门

市场内通道门上部

杆件屋面、圆形凸柱

历史遗存与框景

窗及周围墙贴面

楼梯、时代感蓝色玻璃

顶棚、深邃感透视

济钢市场内部艺术价值分析：

左图为本市场内部有一定艺术价值或纪念意义的部分。

首先为济钢市场的大门，该大门与凤歧路济钢新村大门风格一致，相互呼应，必须着重保留。

其次为济钢市场内最有时代记忆感的区域即济钢市场内东面片区的二层楼，此处有一部分历史遗存，应尽量保留几处。框入大门顶部的框景可着重重新设计。顶棚可保留一处，起纪念意义。楼梯处蓝色玻璃体现时代感，与该地区多出蓝玻璃相呼应

玻璃花窗及周围贴面可框出一两处作为遗产，体现文化内涵。

最后，该区简易房众多，在梳理流线时可大量拆除简易房及简易房配套的陈旧钢结构，以方便重新规划。

Aether Market

平面图 / Layout

Aether Market

 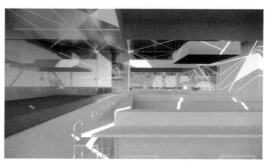

Research Report
济钢市场

设计任务:

1、设计背景

济钢市场位于济南市历城区，具有二十余年的历史，是济南东城"鲍山社区"的重要便民服务市场。其琳琅满目的食品、小商品为周边市民提供了便捷服务的同时，该市场更成为节日集市的重要场所。然而，随着岁月的演进，该市场年久失修、基础施设老化，无法充分满足当下人们的生活需求。因此，济钢市场亟待升级改造，以现代化的功能设施和空间形式为"鲍山社区"及周边居民提供全新的休闲、娱乐及购物体验场所。希望通过本次"再生计划"将这一老旧便民服务区域打造成为提升城市活力的社区公共空间。

2、场地概况

将要改建的菜市场建筑位于济钢市场商贸区内部，地势平坦，周边被钢结构的商业建筑环绕，见附图（总平面图红色标注区域）。

3、设计要求

（1）设计者需对建筑内的顾客以及经营者的行为进行仔细、观察记录，然后根据人的行为要求进行建筑空间的改造设计。本设计要求同学们运用建筑材料、色彩以营造出现代菜市场的空间氛围。

（2）对改造建筑周边的建筑形态（尤其是外部空间形态）与室内经营业态进行调研，并提出"再生计划"的概念性规划设计方案；

3.1 设计内容

（1）改建对象为单层建筑，南北宽约 37 米，东西宽长约 150 米，占地面积约 5646 ㎡，见附图。

（2）规划红线范围内的建筑外部形态进行概念性设计，见附图。

3.2 主要技术指标

设计者需对菜市场实地调研基础上，得出改造设计任务书，包括摊位数量、经营面积、服务设施、不同功能空间面积指标等。

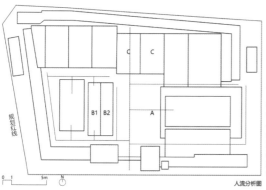

人流分析:

(时间)——人流相对集中地——原因

8:00前——小广场(A)、餐饮区(B)——早市摆摊，早饭

8:00-11:00——均匀——活动种类多样

11:00-13:00——餐饮区(B)——工人大量涌入吃午餐

13:00-16:45——均匀——活动种类多样

16:45-18:30——餐饮区(B)——各类人群涌入吃晚餐

或直接购买熟食

效益分析:

餐饮区B1——全天都有较好的效益——可坐下就餐，

桌椅摆放样式多变，可适应各时间段要求。

餐饮区B2——下班时间效益较好特别是下午下班——

熟食方便快速，且多家店铺种类多样。

蔬菜区C——只有上午8.9点效益较好——早市，超市

流线，食品自身特性诸多原因

各生活类门店——效益一般——种类太杂分区不合理

人流分析图

整改思路:

1.解决停车问题。

2.筛选门店经营种类，只保留几种。

3.重新规划分区，使相同种类门店集中安排。

4.结合现在人的生活习惯，重新组织流线。

5.引入可以吸引年轻人的奶茶店等，根据市场最终定位，决定此类店铺的数量所占比例。

6.选择该区几个特色元素保留，希望能唤醒一代人的记忆，同时这样也自然也增强了本市场的特色性。

7.结合地方特色，运用适量的杆件，合适的体现钢厂这一地域特色。

8.如果满足基本功能后面积有剩余，可设置展览空间但要注意符合整个市场的定位。

9.可设置老年活动区，观察发现来此处的老年人占比很高。

10.轻微调整的地区最主要的就是整改好环境问题，重新粉刷或其他方式，使整个市场的环境卫生提上来。

Aether Market

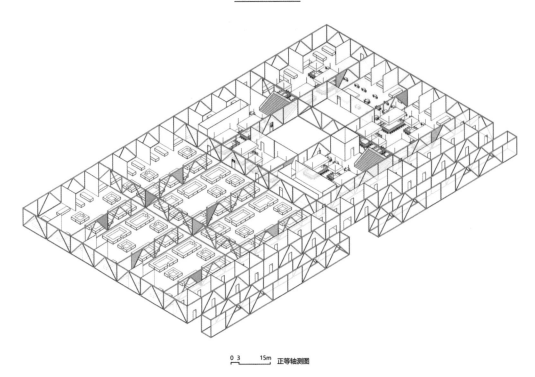

0 3　　15m　正等轴测图

Aether Market

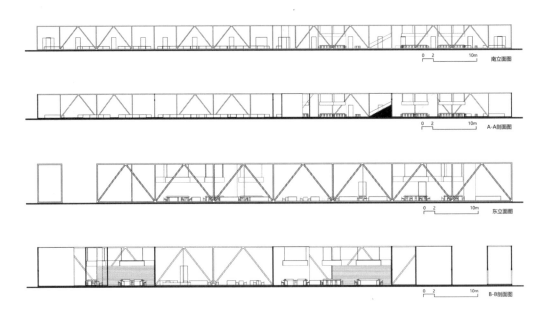

0 2　　10m　南立面图

0 2　　10m　A-A剖面图

0 2　　10m　东立面图

0 2　　10m　B-B剖面图

Aether Market

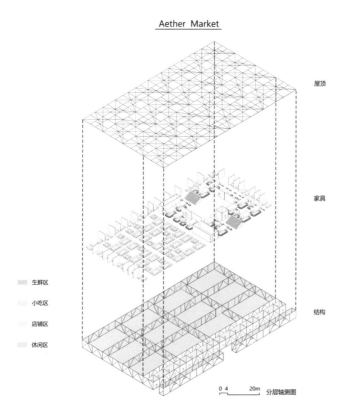

屋顶

家具

生鲜区
小吃区
店铺区
休闲区

结构

0 4 20m 分层轴测图

设计：石丰硕

Market regeneration plan
市场再生计划

Designers need to carefully observe and record the behavior of customers and operators in the building, and then carry out the transformation design of the building space according to the requirements of human behavior.

设计者需对建筑内的顾客以及经营者的行为进行仔细、观察记录，然后根据人的行为要求进行建筑空间的改造设计。

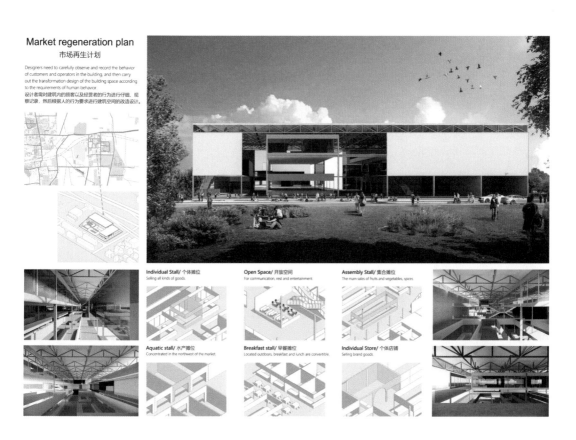

Individual Stall/ 个体摊位
Selling all kinds of goods.

Open Space/ 开放空间
For communication, rest and entertainment.

Assembly Stall/ 集合摊位
The main sales of fruits and vegetables, spices.

Aquatic stall/ 水产摊位
Concentrated in the northwest of the market.

Breakfast stall/ 早餐摊位
Located outdoors, breakfast and lunch are convertible.

Individual Store/ 个体店铺
Selling brand goods.

Traffic Analysis/ 交通分析
The core tube is located on both sides of the main building, and the stairs increase the space richness.

View Analysis/ 视线分析
The windows on the main facade provide a good view, and the first floor is overhead to broaden the view.

Sunshine Analysis/ 日照分析
The East and South are open for more daylight

Connectivity Analysis/ 连通性分析
The first floor of the main building is overhead with good circulation, which is conducive to the flow of people.

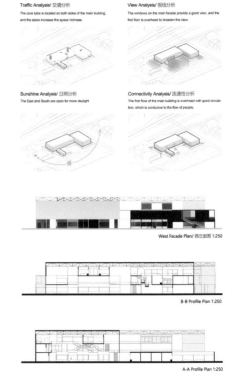

West Facade Plan/ 西立面图 1:250

B-B Profile Plan 1:250

A-A Profile Plan 1:250

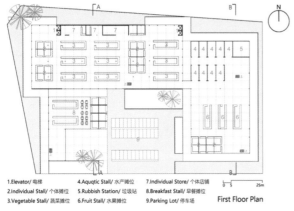

1.Elevator/ 电梯
2.Individual Stall/ 个体摊位
3.Vegetable Stall/ 蔬菜摊位
4.Aquqtic Stall/ 水产摊位
5.Rubbish Station/ 垃圾站
6.Fruit Stall/ 水果摊位
7.Individual Store/ 个体店铺
8.Breakfast Stall/ 早餐摊位
9.Parking Lot/ 停车场

First Floor Plan

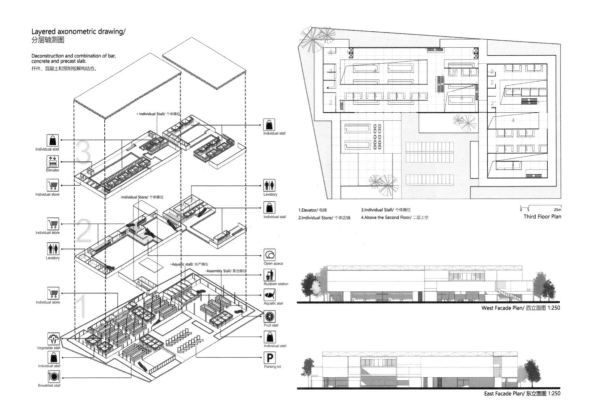

Layered axonometric drawing/ 分层轴测图

Deconstruction and combination of bar, concrete and precast slab.
杆件、混凝土和预制板解构结合。

Third Floor Plan

1.Elevator/ 电梯
2.Individual Store/ 个体店铺
3.Individual Stall/ 个体摊位
4.Above the Second Floor/ 二层上空

West Facade Plan/ 西立面图 1:250

East Facade Plan/ 东立面图 1:250

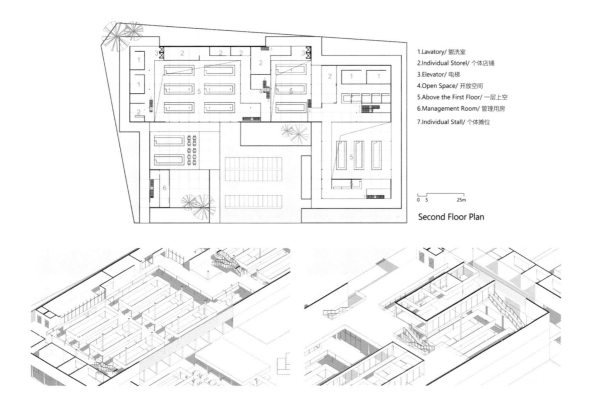

1.Lavatory/ 盥洗室
2.Individual Storel/ 个体店铺
3.Elevator/ 电梯
4.Open Space/ 开放空间
5.Above the First Floor/ 一层上空
6.Management Room/ 管理用房
7.Individual Stall/ 个体摊位

Second Floor Plan

第十单元

未来视觉单元训练

10

以往各单元的训练都是以建筑单体或建筑组群为对象的设计训练。本单元作为学期末的最后一个训练环节，不再对同学们进行具体的限制性训练，而是以未来视觉为主题的创意性训练。在该训练中，每位同学完成一座具有未来视觉属性的城市设计，让设计观念着眼于未来的畅想。激发每位同学自由创作的能力是本单元的训练难点和重点。

第 12 周

12-2

▶ **课上讲授未来视觉的课题，布置设计任务，课后每位同学完成 2 个未来城市设计方案**

教学目标

　　本单元旨在训练同学们在城市尺度下对建筑布局以及建筑的内外部复杂空间的系统进行整体构想的能力，激发同学们运用以往建筑形态的设计方法，通过尺度变换来对未来城市和未来生活场景进行自由构想，并自由创作。

授课内容

　　布置未来城市构想设计任务。

设计任务

1 拟设计区域概况

　　本设计任务拟进行设计的区域选取在山东自贸区的济南片区，整个场地位于济南市东城区，西起华阳路，东至春博路，整体面积约 37.99km²。自贸区内含 8 个功能区块，从西至东依次为区块 1——国际金融城（涵盖金融服务、商务服务、科技服务）、区块 2——高新区中心区（涵盖科技服务、人工智能、信息技术）、区块 3——刘智远片区（涵盖医疗健康、生物医药、信息技术）、区块 4——雪山片区与融创文旅城（涵盖商贸服务、文化旅游）、区块 5——唐冶片区（涵盖人工智能、科技服务、信息技术、文化创意、金融服务）、区块 6——章锦片区（涵盖商贸服务、国际贸易、保税物流、生物医药、文化贸易、科技服务、人力资本服务）、区块 7——彩石片区（涵盖大数据与新一代信息技术、科技服务、生物医药、中医中药、医疗康养）、区块 8——孙村片区（涵盖人工智能、信息技术、生物制药、智能制造、科技服务）。

2 设计内容

本设计旨在为山东自贸区济南片区未来城市形态进行整体策划与构想，为该区域创造拥有想象力的未来城市风景。

3 设计要求

未来城市须充分体现生态、创新、自由、智能、共享的构想，包括空间形态、城市运行组织、交通方式等。

鉴于整个区域为8个区块，考虑到班级人员的构成，本设计将全班同学分为两组，每组同学通过抓阄确认各自的区块，并分别完成各自分配到的区块的设计。

4 成果汇总

拟将两组同学各自单独设计的区块组合成一个整体，最终形成两个自由贸易试验区的城市构想设计。

5 提交成果

电影：每位同学须为各自区块的未来城市制作一部时长约3分钟的电影；每组同学须合成一部时长约8分钟的未来城市电影。

图纸：图纸内容应包括能够反映和表达出未来城市风景的整体意向图、未来城市的整体总平面图、主要效果图、不同组团的效果图和平面图、沿街立面图、街道剖面图、城市节点图、交通流线图、业态分区图、设计概念分析图、城市天际线分析图等能够表达设计理念和意图的相关图纸。

实体模型：以小组为单位制作城市构想的实体模型。

然后，老师讲授未来视觉课题。

介绍建筑电讯派（Archigram）、尤纳·弗莱德曼（Yona Friedman）、俄罗斯构成主义、伊万·列奥尼多夫（Ivan Leonidov）、未来主义、富勒等艺术家、艺术流派及团体的作品与未来城市和建筑的关系。

作为建筑师必须记住的两个终极设问

1
什么是建筑

2
未来是什么

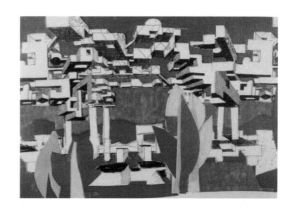

尤纳·弗莱德曼的绘画作品

课后练习

1.15位同学按照8个区块分两组。

2.每位同学完成各自负责区块内的2个城市设计的概念方案。

▶ 课上讲评初步概念方案，课后每位同学再完成 3 ～ 5 个概念方案

教学目标

通过讲评每位同学的 2 个初步概念方案,检验同学们对未来城市的理解,进而为接下来的城市设计确定方向。

授课内容

课上讲评未来城市设计的初步概念方案，主要围绕城市设计的未来性展开讨论。

未来城市方案 A 模型动画

> **未来城市方案 A 动画讲评：**该方案的城市形态过于现实，缺少对未来的想象

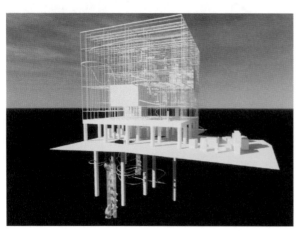

未来城市方案 B 模型动画

> **未来城市方案 B 动画讲评：**城市形态虽具有未来性，但该形态在视觉效果上偏向于雕塑，空间感不足

未来城市方案 C 模型动画

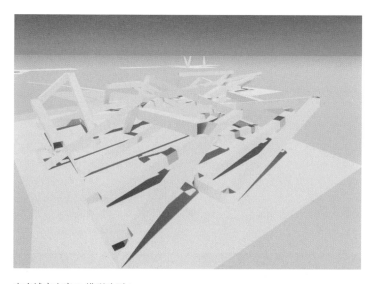

未来城市方案 D 模型动画 1

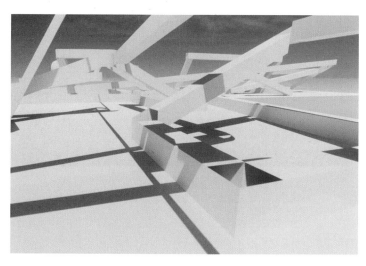

未来城市方案 D 模型动画 2

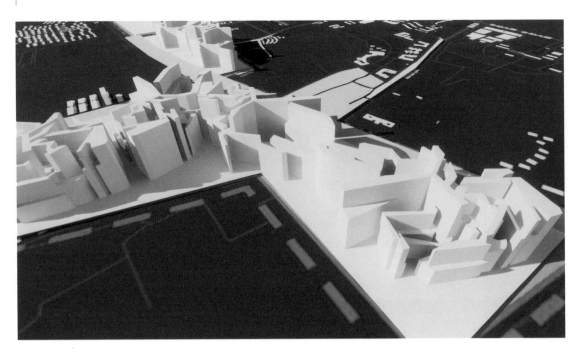

未来城市方案 E 模型动画

未来城市方案 E 动画讲评：该方案反映的城市整体形态较为丰富，且具有一定的未来视觉效果，但是城市内部空间缺乏丰富性，应进一步对城市内部空间进行扩展

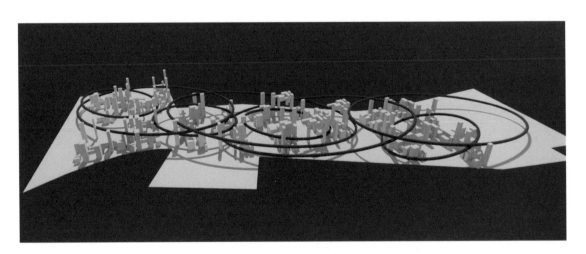

未来城市方案 F 模型动画

未来城市方案 F 动画讲评：这一城市形态看似丰富，但是其形态是在现实城市形态基础上改进而来的，而非精神性的未来形态的创造

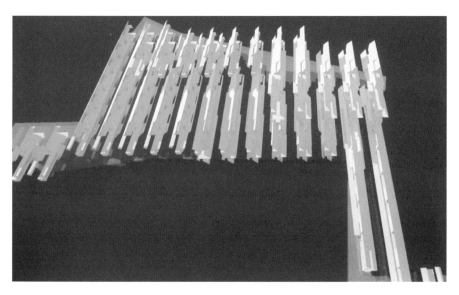

未来城市方案 G 模型动画 1

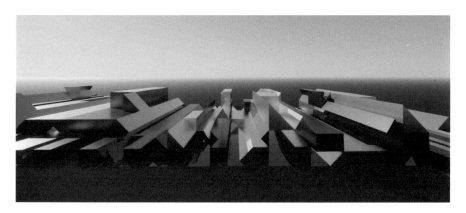

未来城市方案 G 模型动画 2

未来城市方案 G 动画讲评：该方案利用高度秩序化的巨型城市单元，创造出了具有未来感的丰富城市形态

课后练习

　　每位同学利用建筑空间形态设计五法（空间与观念赋予、形态与观念赋予、几何与观念赋予、空间体块辩证组合构成与观念赋予、杆件形态与观念赋予）设计 3 ~ 5 个未来城市概念方案，并用动画展示。

第 13 周

13-2

▶ **课上讲评新概念方案，课后进行方案深化**

教学目标

通过 3 ~ 5 个城市设计概念方案的讲评，确定其中 2 个方案，为下一阶段的方案深化奠定基础。

授课内容

课上，讲评未来城市设计方案动画，主要围绕城市设计的未来性、城市单元体块的尺度等问题展开讨论。

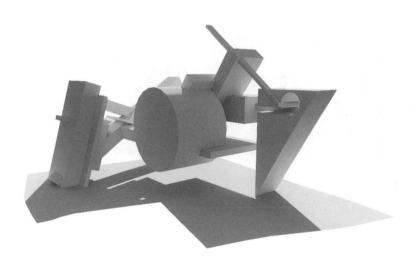

未来城市方案 A 模型动画

未来城市方案 A 动画讲评： 设计者虽然在此创作了丰富的形态，但是作为城市空间而言，这一组块形态尚处于雕塑状态。另外，它们的尺度对于城市而言偏大，设计者应当在建筑尺度上对其中的每一个体块做进一步细化，以使这组体块的尺度适合城市尺度

未来城市方案 B 模型动画 1

未来城市方案 B 模型动画 2

未来城市方案 B 动画讲评：在该方案中，设计者运用立方体块组团的形式形成了丰富的城市组团形态，由于每个小体块具有与建筑相适应的尺度，进而使得这组空间形态具有了城市尺度。从该组模型的局部看，内部空间形式并不单调，而是利用大小、宽窄、悬挑等手段形成了丰富的城市场所的形态

课后练习

1. 每位同学完成 2 个城市单元体块深化后的城市设计方案动画。

2. 每组拼出 2 个整体的城市方案动画。

第 14 周

14-1

▶ **课上讲评概念方案，
课后修改、完善**

教学目标

检验每个地块的城市设计深化成果和每组整体城市设计的组合情形，推进设计进度。

授课内容

1. 对每位同学的 2 个城市设计方案的深化设计进行讲评，并确定一个最终深化方案。

2. 对每组完成的整体城市设计的拼合方案进行讲评。

未来城市方案 A 模型动画 1

未来城市方案 A 模型动画 2

未来城市方案 A 动画讲评：
该城市片区的整体形态较为丰富，并符合本单元的未来感训练要求。但是，这一组城市组团体块的尺度仍然偏大，应进一步将体块尺度缩小。另外，从"未来城市方案 A 模型动画 2"来看，城市内部的交通系统缺少设计，应补充完善

未来城市方案 B 模型动画 1

未来城市方案 B 模型动画 2

未来城市方案 B 动画讲评：该方案从整体城市形态看，同样具有对未来城市的想象，并且，设计者在之前的城市形态设计基础之上进行了建筑空间尺度的细化。但是从"未来城市方案 B 模型动画 2"上看，细化后的建筑尺度仍然略微偏大，同时，每个城市单元中的局部建筑空间缺少变化，这些问题需要在接下来的训练中进一步优化

课后练习

1.每组同学讨论确定一个方案，讨论内容包括交通组织、建筑高度（最高不超过 1500m）。

2.讨论结束后每组拼合出一个整体方案动画。

3.下节课讲评每位同学深化后的方案动画（场地处理、交通组织、建筑材质、建筑单元细化）和小组的拼合方案动画。

4.同学们需要购买手工模型材料，每个地块的模型大小控制在 A0 图版大小。

▶ # 课上讲评深化后的方案设计动画，课后完善、细化方案

检验每位同学的城市设计的深化方案及各小组的拼合方案的完成度，提出修改建议，推进设计进度。

授课内容

1. 对每位同学的深化方案进行讲评。

2. 对每组的拼合方案进行讲评。

未来城市方案 A 模型动画 1

未来城市方案 A 模型动画 2

未来城市方案 A 讲评： 设计者在该方案中利用条形空间体块进行组合，创作了"集束状"的城市形态，而且对每个条状城市单元进行了建筑尺度的细化，整体效果较好，但是在这些城市单元如何连接以及城市交通系统和公共空间上的设计深度不够

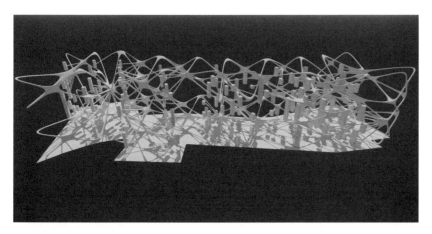

未来城市方案 B 模型动画 1

未来城市方案 B 模型动画 2

未来城市方案 B 讲评：在该方案中，设计者借鉴"神经束"的形态设计了这一概念性的未来城市，符合本单元对于未来城市的设想。在该城市中，设计者将各城市中的建筑"悬挂"于这一"神经"系统之上，但是，这些建筑单元的密度不够，应进一步增加其数量。另外，建筑单元的空间尺度没有细化，这使得城市空间的尺度没有得到充分呈现。而且这些"神经束"的节点大样缺少必要的模型表达，接下来需要对这些问题进行逐一解决

课后练习

1. 每位同学继续完善方案动画，包括单元细化、场地、交通连接。

2. 各小组继续拼合方案，协调制作各地块方案动画。

第 15 周

15-1

▶ **课上讲评方案动画，课后制作模型、绘制图纸**

教学目标

检验同学们的未来城市设计的完成效果，最终确定方案模型。

授课内容

1. 对每位同学各自区块的城市设计模型动画进行讲评。

2. 对各小组的整体城市设计模型动画进行讲评。

3. 总结本单元的训练要点。

一组同学的 8 个区块拼合模型动画局部场景 1

一组模型动画讲评： 这一水平向的城市空间体块位置偏下，造成了向下压迫的视觉感受，建议向上移动

一组同学的 8 个区块拼合模型动画局部场景 2

一组模型动画讲评： 从街道空间的尺度看，建筑高度偏低，建议增加高度

一组同学的 8 个区块拼合模型动画场景

二组模型动画讲评： 从动画看，这一组建筑中的线性空间形式太过纤细，导致了装饰化的视觉效果，建议修改、完善该部分

二组同学的 8 个区块局部拼合模型动画场景

二组同学的 8 个区块拼合模型动画场景

二组模型动画讲评： 从这一组未来城市的整体天际线看，该区块的天际线轮廓变化不够，应当进一步丰富天际线

课后练习

1. 每位同学完成各自区块的未来城市设计的图纸表达。

2. 以小组为单位制作中国（山东）济南自贸区未来城市设计的实体模型。

▶ **最终图纸呈现**

设计：崔晓涵

城市体块组合效果图

城市最小体块单元尺寸：50×50×50 m

城市最高点海拔：900 m

城市中建筑物的主要功能为：人工智能、科技服务、信息技术、文化创意、金融服务等

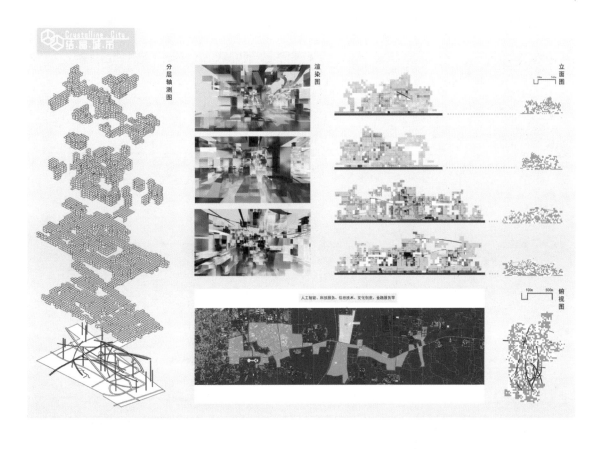

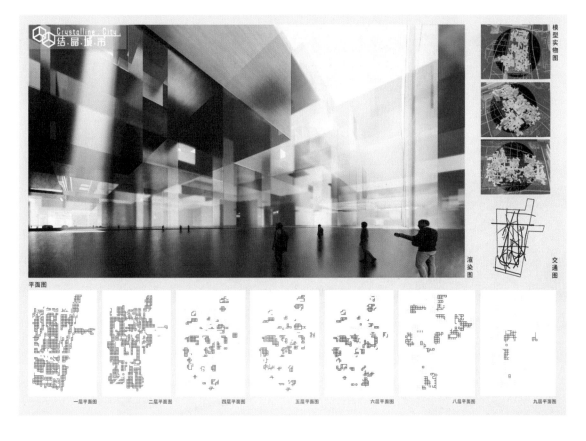

设计：梁润轩

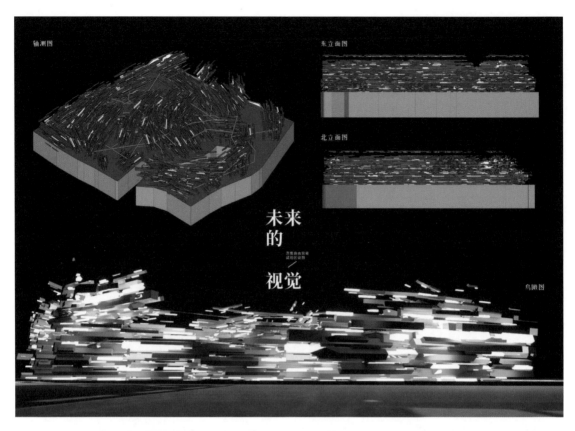

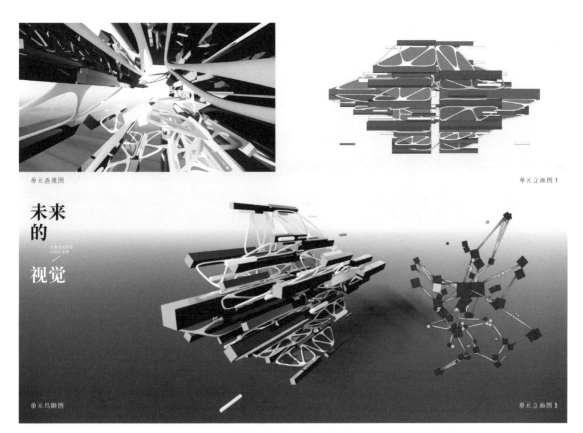

单元透视图

单元立面图 1

未来
的
视觉

未来自由贸易
试验区设想

单元鸟瞰图

单元立面图 2

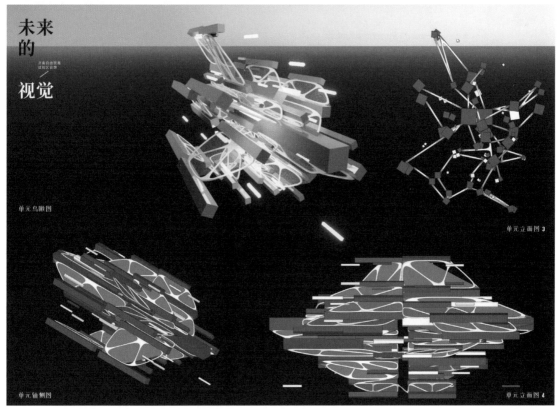

未来
的
视觉

未来自由贸易
试验区设想

单元鸟瞰图

单元立面图 3

单元轴测图

单元立面图 4

设计：李凡

折叠世界

——未来的视觉"济南自由贸易试验区未来城市构想"

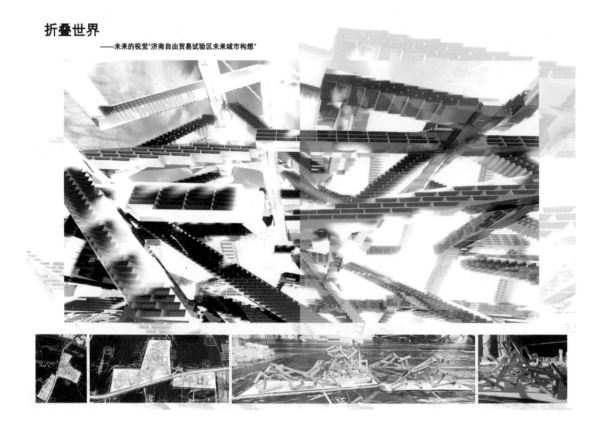

折叠世界

——未来的视觉"济南自由贸易试验区未来城市构想"

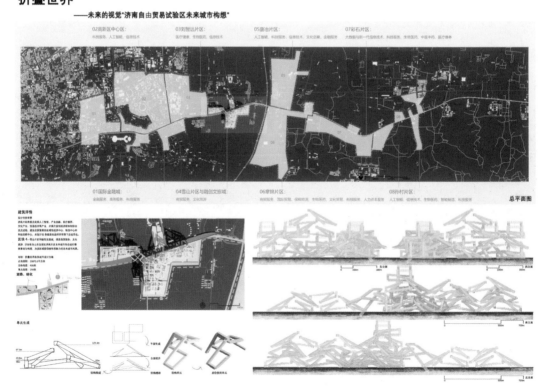

迷 · 城　CONFUSION WORLD

——未来的视觉"济南自由贸易试验区未来城市构想"

迷 · 城　CONFUSION WORLD

——未来的视觉"济南自由贸易试验区未来城市构想"

设计：张皓月

济南自由贸易试验区章锦片区未来城市构想

CONCEPTION OF FUTURE CITY
ZHANGJIN AREA OF JINAN POILOT FREE TRADE ZONE

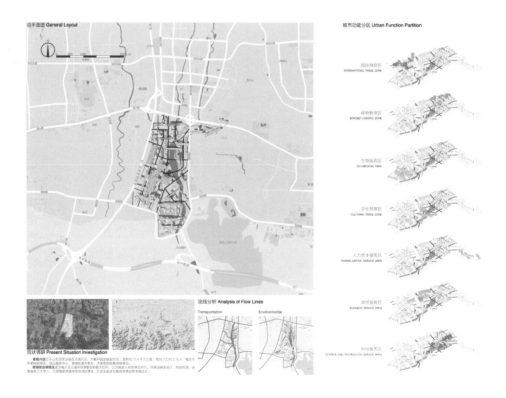

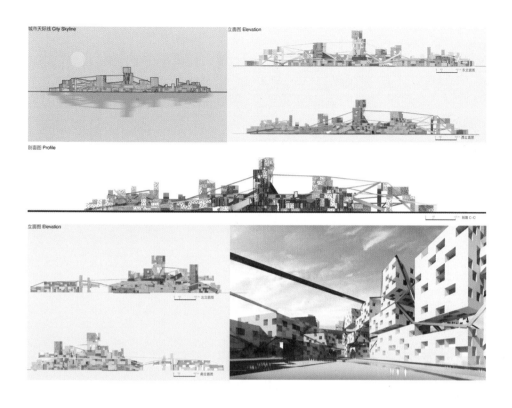

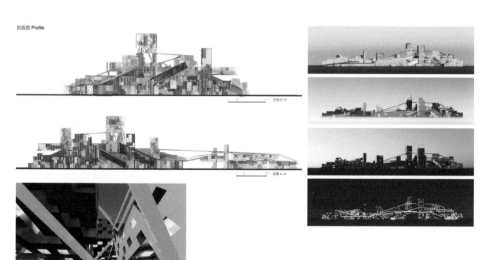

CONCEPTION OF FUTURE CITY
ZHANGJIN AREA OF JINAN POILOT FREE TRADE ZONE

设计：刘源

平面图 Plan

中国（山东）济南自由贸易区未来城市方案设计实体搭建模型